河套灌区盐渍化耕地秸秆覆盖下玉米灌施定额的研究

Irrigation and Fertilization Quota of Maize under Straw Mulching on Salinized Farmland in Hetao Irrigation District

张万锋　杨树青　著

重慶大學出版社

内容提要

本书主要分析了作物根系调控下秸秆覆盖耕作模式的优选，揭示了秸秆覆盖-灌水量耦合的土壤水盐运移规律，并基于深度学习理论构建递进水盐嵌入神经网络模型(PSWE)，模拟水盐运移及作物生产效益。全书共9章，主要包括盐渍化耕地秸秆覆盖的研究背景及意义，试验设计方案，秸秆覆盖与耕作方式下耕作模式优选与土壤水盐运移规律，基于PSWE模型夏玉米灌施制度优化，秸秆覆盖-氮耦合对土壤养分分布、莠去津消解及夏玉米根系和植株氮吸收转运率影响等。

本书可供农田水利、农学、土壤专业本科生、研究生及相关专业的科研、教学和工程技术人员参考。

图书在版编目(CIP)数据

河套灌区盐渍化耕地秸秆覆盖下玉米灌施定额的研究/
张万锋，杨树青著. -- 重庆：重庆大学出版社，2023.6
ISBN 978-7-5689-3909-6

Ⅰ.①河… Ⅱ.①张… ②杨… Ⅲ.①河套—盐渍土
地区—玉米—灌溉—研究 Ⅳ.①S513.071

中国国家版本馆CIP数据核字(2023)第094815号

河套灌区盐渍化耕地秸秆覆盖下玉米灌施定额的研究
HETAO GUANQU YANZIHUA GENGDI JIEGAN FUGAI XIA
YUMI GUANSHI DINGE DE YANJIU

张万锋　杨树青　著
特约编辑:李定群
责任编辑:范　琪　　版式设计:范　琪
责任校对:关德强　　责任印制:张　策
*
重庆大学出版社出版发行
出版人:饶帮华
社址:重庆市沙坪坝区大学城西路21号
邮编:401331
电话:(023)88617190　88617185(中小学)
传真:(023)88617186　88617166
网址:http://www.cqup.com.cn
邮箱:fxk@cqup.com.cn(营销中心)
全国新华书店经销
重庆升光电力印务有限公司印刷
*
开本:720mm×1020mm　1/16　印张:12.5　字数:180千
2023年6月第1版　2023年6月第1次印刷
ISBN 978-7-5689-3909-6　定价:88.00元

前　言

河套灌区位于内蒙古自治区的西部，属干旱半干旱地区，是土壤盐渍化发育的典型地区，盐渍化土地面积占了耕地面积的八成。随着政策性引黄水量锐减，河套灌区农业灌溉用水矛盾日益突出。因此，灌溉缺水与土壤盐渍化是制约河套灌区乃至西北地区农业可持续发展的关键因素。我国农作物秸秆资源丰富，呈逐年增加趋势。但是，提高农作物秸秆资源化利用率，缓解因秸秆焚烧造成的环境污染，仍是困扰秸秆资源化利用的重要问题。2021 年中央一号文件《中共中央　国务院关于全面推进乡村振兴加快农业农村现代化的意见》明确要求“全面实施秸秆综合利用”。因此，如何提高秸秆资源化利用率，形成长效科学利用机制，成为河套灌区农业良性发展的关键问题之一。

针对河套灌区土壤次生盐渍化严重、水肥利用率低、作物产量不高、面源污染严重等问题，本研究开展了盐渍化耕地优选秸秆覆盖下夏玉米优化灌施制度的田间试验；研究了基于作物根系调控的秸秆覆盖耕作模式的优选；分析了秸秆覆盖-灌水量耦合的土壤水盐运移规律，并基于深度学习理论及技术构建递进水盐嵌入神经网络模型（PSWE）模拟水盐运移及作物生产效益，优化秸秆覆盖下夏玉米灌水定额；探究秸秆覆盖-施氮耦合下作物与土壤生境的响应，优化秸秆覆盖的夏玉米施氮定额。“基于深度学习构建水盐运移模型，优化盐渍化耕地秸秆覆盖下夏玉米灌施制度”为本研究主要创新之处。本研究在田间试验的基础上，理论结合实践，系统地揭示了河套灌区盐渍化耕地的秸秆覆盖与水、氮耦合对作物-土壤系统抑盐-调水肥-降药-增产的调控过程与机理，实现了优选秸秆覆盖下夏玉米灌施制度的优化，旨在丰富秸秆还田理论体系，为缓解灌区次生盐渍化、面源污染及节水增产提供依据，同时为深度学习理论及技术在土壤水盐运移模型上的应用提供参考。

本书是作者在连续多年开展野外田间试验的基础上,系统分析凝练的成果。本书以内蒙古河套灌区的临河区九庄农业示范基地为研究对象,以地统理论为手段,研究了盐渍化耕地秸秆覆盖条件下土壤水盐运移、土壤养分分布、农药残留等内容,其研究成果最终提出河套灌区盐渍化耕地较优的耕作模式为秸秆深埋结合深翻耕作,优化的夏玉米灌施定额为:单次灌水定额为 89.3 ~96.8 mm,生育期灌溉 3 次,耕作层含盐量调控在 1.38 ~1.55 g/kg,属轻度盐渍化,优化施氮量为 180 ~193.7 kg/hm^2。

全书共 9 章:第 1 章介绍了盐渍化耕地秸秆覆盖的研究背景及意义,并分析了国内外关于研究秸秆覆盖的现状,并提出本书研究的科学问题及研究目标与技术路线;第 2 章介绍了研究区概况及试验方案;第 3 章通过田间试验优选了秸秆覆盖与耕作方式耦合下夏玉米耕作模式;第 4 章分析了秸秆覆盖下不同灌水量对土壤水盐运移的影响,并为模型的构建提供检验与率定的基础数据;第 5 章基于深度学习理论及技术构建了递进水盐嵌入神经网络模型(PSWE),并模拟了多因素协同下土壤水盐运移规律及夏玉米产量效益;第 6—8 章分别分析了秸秆覆盖-施氮耦合对土壤养分时空分布、土壤莠去津消解规律及夏玉米根系及植株氮吸收转运率的影响;第 9 章对全书进行总结与展望。

本书的出版得到国家自然科学基金项目(项目编号 51669019)、内蒙古师范大学引进高层次人才科研启动金项目(项目编号 3215002224)、内蒙古文化和旅游资源大数据产业化融合研发创新团队(项目编号 32150022246)的资助,在此表示感谢。

本书内容涉及多学科的交叉,方法技术发展日新月异,加上作者水平有限,书中难免存在疏漏或不足之处,恳请相关专家与读者批评指正,多提出宝贵意见。

著　者

2023 年 2 月

目　录

1　引言 ………………………………………………………………… 1
1.1　研究背景和意义 ……………………………………………………… 1
1.2　国内外研究进展 ……………………………………………………… 3
1.2.1　土壤水盐运移理论及模型研究 ……………………………………… 3
1.2.2　秸秆覆盖对土壤水盐运移的影响 …………………………………… 6
1.2.3　秸秆覆盖对土壤氮素及地下水氮污染的影响 ……………………… 8
1.2.4　秸秆覆盖对土壤莠去津残留及消解的影响 ………………………… 9
1.2.5　秸秆覆盖对作物生理形态的影响研究 …………………………… 11
1.2.6　秸秆覆盖下土壤养分、农药、生态环境间的相关性 ……………… 11
1.2.7　有待研究的科学问题 ……………………………………………… 13
1.3　研究目标与内容 …………………………………………………… 13
1.3.1　研究目标 …………………………………………………………… 13
1.3.2　研究内容 …………………………………………………………… 14
1.4　技术路线 …………………………………………………………… 15

2　研究区概况及试验方案 ……………………………………………… 17
2.1　试验区概况 ………………………………………………………… 17
2.1.1　基本概况 …………………………………………………………… 17
2.1.2　试验区土壤质地 …………………………………………………… 20
2.1.3　试验区地下水埋深动态变化 ……………………………………… 22
2.2　试验方案 …………………………………………………………… 23
2.2.1　秸秆覆盖与耕作方式的优选试验 ………………………………… 23

2.2.2 秸秆覆盖-灌水量耦合下夏玉米灌水制度优化试验 …… 29
2.2.3 秸秆覆盖-施氮耦合下夏玉米施氮制度优化试验 …… 31
2.2.4 数据统计与分析 …… 37

3 秸秆覆盖与耕作方式耦合下夏玉米耕作模式优选 …… 38
3.1 不同耕作模式对夏玉米根系分布的影响 …… 38
3.1.1 夏玉米根系在垂直方向上的分布特征 …… 38
3.1.2 夏玉米根系在水平方向上的分布特征 …… 39
3.2 不同耕作模式的夏玉米根长密度分布模型 …… 43
3.2.1 夏玉米根长密度分布模型的建立 …… 43
3.2.2 夏玉米根长密度分布模型的应用 …… 44
3.3 不同耕作模式下夏玉米生长效应的响应 …… 46
3.3.1 不同耕作模式对夏玉米根冠比的影响 …… 46
3.3.2 不同耕作模式对夏玉米产量及水分利用效率的影响 …… 47
3.4 本章讨论与小结 …… 48
3.4.1 讨论 …… 48
3.4.2 小结 …… 50

4 秸秆覆盖下灌水量对土壤水盐运移的影响 …… 51
4.1 不同秸秆覆盖方式与灌水量耦合对土壤水盐运移的影响 …… 51
4.1.1 秸秆覆盖下不同灌水量对土壤含水率的影响 …… 51
4.1.2 秸秆覆盖下不同灌水量对土壤含盐量的影响 …… 60
4.2 不同秸秆覆盖方式与灌水量耦合对夏玉米生产效益的影响 …… 68
4.3 秸秆覆盖下灌水量、耕作层含盐量与夏玉米生产效益的关系 …… 70
4.4 本章讨论与小结 …… 75
4.4.1 讨论 …… 75

4.4.2 小结 …… 78

5 基于PSWE模型的秸秆深埋下夏玉米灌水制度优化 …… 79
5.1 PSWE模型的基本原理 …… 80
5.2 PSWE模型的基本架构 …… 81
5.2.1 HLSTM编码器 …… 81
5.2.2 BMLP解码器 …… 84
5.2.3 构建PSWE模型 …… 84
5.3 PSWE模型模拟条件 …… 87
5.3.1 模型参数选取及样本处理 …… 87
5.3.2 模型参数输入 …… 88
5.4 模型率定与检验 …… 89
5.4.1 模型率定 …… 89
5.4.2 模型检验 …… 92
5.5 基于PSWE模型的土壤水盐运移及夏玉米生产效益模拟 …… 95
5.5.1 多因素协同秸秆深埋下不同灌水量对土壤含水率的影响 …… 96
5.5.2 多因素协同秸秆深埋下不同灌水量对土壤含盐量的影响 …… 98
5.5.3 夏玉米产量及水分利用效率的模拟 …… 101
5.6 本章讨论与小结 …… 102
5.6.1 讨论 …… 102
5.6.2 小结 …… 104

6 秸秆覆盖-施氮耦合对土壤养分时空分布规律的影响 …… 106
6.1 秸秆覆盖-施氮耦合对土壤硝态氮分布的影响 …… 106
6.1.1 秸秆覆盖-施氮耦合对土壤剖面硝态氮含量的影响 …… 106
6.1.2 秸秆覆盖-施氮耦合对收获后土壤硝态氮积累量的影响 …… 109

6.2 秸秆覆盖-施氮耦合对土壤铵态氮分布的影响 …… 111
6.2.1 秸秆覆盖-施氮耦合对土壤剖面铵态氮含量的影响 …… 111
6.2.2 秸秆覆盖-施氮耦合对收获后土壤铵态氮含量的影响 …… 113
6.3 秸秆覆盖-施氮耦合对成熟期土壤硝态氮和铵态氮累计损失量的影响 …… 114
6.4 秸秆覆盖-施氮耦合对成熟期土壤有机质含量的影响 …… 116
6.5 秸秆覆盖-施氮耦合对成熟期土壤全氮和全磷的影响 …… 118
6.5.1 秸秆覆盖配施氮下夏玉米成熟期土壤全氮含量的响应 …… 118
6.5.2 秸秆覆盖配施氮下夏玉米成熟期土壤全磷含量的响应 …… 120
6.6 秸秆覆盖-施氮耦合对成熟期土壤碱解氮和速效磷的影响 …… 122
6.6.1 秸秆覆盖配施氮对夏玉米成熟期土壤碱解氮含量的影响 …… 122
6.6.2 秸秆覆盖配施氮对夏玉米成熟期土壤速效磷含量的影响 …… 123
6.7 秸秆覆盖-施氮耦合下地下水质氮污染的响应 …… 125
6.8 本章讨论与小结 …… 128
6.8.1 讨论 …… 128
6.8.2 小结 …… 131

7 秸秆覆盖-施氮耦合对土壤莠去津消解残留的影响 …… 133
7.1 秸秆覆盖-施氮耦合对土壤莠去津消解率的影响 …… 133
7.2 秸秆覆盖配施氮对土壤莠去津消解半衰期的影响 …… 136
7.3 莠去津消解半衰期与不同土层养分间的关系 …… 137
7.4 本章讨论与小结 …… 140
7.4.1 讨论 …… 140
7.4.2 小结 …… 141

8 秸秆覆盖-施氮耦合对夏玉米根系及植株氮吸收转运率的影响 …… 142

8.1　秸秆覆盖-施氮耦合对夏玉米根长密度的影响 …………………… 142
8.2　秸秆覆盖-施氮耦合下夏玉米氮素转运利用的响应 ………………… 147
8.2.1　秸秆覆盖-施氮耦合对夏玉米植株吸氮量的影响 ……………… 147
8.2.2　秸秆覆盖-施氮耦合对夏玉米氮素转运效率的影响 …………… 148
8.2.3　秸秆覆盖-施氮耦合对夏玉米产量及氮素利用率的影响 …… 151
8.3　本章讨论与小结 …………………………………………………… 158
8.3.1　讨论 ……………………………………………………………… 158
8.3.2　小结 ……………………………………………………………… 160

9　结论与展望 …………………………………………………………… 161
9.1　主要结论 …………………………………………………………… 161
9.2　主要创新点 ………………………………………………………… 164
9.3　展望 ………………………………………………………………… 165

附录 ………………………………………………………………………… 166
附录 1　激活函数 ………………………………………………………… 166
附录 2　批处理标准化 BMLP …………………………………………… 167
附录 3　Adam 算法优化 ………………………………………………… 169
附录 4　Dropout 算法优化 ……………………………………………… 170
附录 5　递进水盐嵌入神经网络模型（PSWE）的算法 ………………… 170

参考文献 …………………………………………………………………… 172

1 引 言

1.1 研究背景和意义

世界各地广泛地分布着盐渍化土壤，面积高达 10 亿 hm^2，引起较为严重的社会问题和环境问题。我国盐渍化土壤面积高达 3 600 万 hm^2，主要集中在东北、西北、华北及沿海等地，盐渍化耕地面积占比 6.62%，80% 以上的盐渍化土壤未被开发利用。土壤盐渍化易引起土壤理化性质恶化，破坏土壤结构，造成土壤板结，减弱了土壤水气通透性和水肥供应能力，造成水土环境退化，对作物生长带来不利影响，最终导致农田生态环境恶化及作物减产，严重制约着农业发展。另外，水资源是影响农业健康发展的关键因素之一，而我国农业水利用率仅 30% ~50%，远远低于发达国家。因此，开展节水灌溉下的盐渍土壤改良研究是我国盐渍土地区农业可持续发展的重要措施。相比传统的节水灌溉农业，盐渍化土壤节水灌溉综合性强，多学科交叉，涉及植物学、气象学、土壤学、土壤水动力学、生态学、灌溉工程学及农学等方面。因此，改良盐渍化土壤，提高农业水高效利用，对保障国家粮食安全有着重要的现实意义。

内蒙古河套灌区是我国重要的粮食生产基地，是典型的一首制引黄自流灌区，98% 以上的耕地是引黄灌溉。河套灌区土壤盐渍化发育程度较高，盐渍化土壤占耕地面积的 79%，且由于灌区政策性引黄水量锐减及不合理灌溉，灌区土壤盐渍化有加重的趋势。目前，针对盐渍化土壤的改良措施（如生物措施、工程措施、地表覆盖集成模式等)在灌区已积极实施,并取得了一定效果,但这些改良措施需大量灌溉黄河水洗盐,从而造成灌区地下水位上升,产生次生盐渍化。农业生产过程中,为追求作物高产,灌区农药、化肥等用量逐年增加,但化肥利用率较低,作物收获带走的氮磷不到40%,粗放式的灌施模式导致氮磷流失严重,盈余的氮磷肥及残留的农药等随着土壤水逐渐渗入地下水,造成地下水污染,水质恶化。更为严重的是,部分污染的土壤水通过排水干沟进入地表水,对河流、湖泊等水域造成二次污染。因此,土壤盐渍化、引黄水锐减和农业面源污染是未来灌区农业健康发展的制约因素。

中国农作物秸秆资源丰富,理论资源量已达到10.4亿t,且仍有增加的趋势。但现实中,一方面我国农作物秸秆资源化利用率低,大量秸秆资源被浪费,最典型的就是秸秆焚烧,造成的大气污染等问题日益严重;另一方面耕地连作且大量施用无机肥,短期获得了高产,却生产出更多作物秸秆,恶性循环,造成生产条件恶化,生态环境污染严重。秸秆资源“用则利,不用则废”,2021年中央一号文件明确提出“全面实施秸秆综合利用”及“持续推进化肥农药减量增效”。因此,如何提高秸秆资源化利用率,降低化肥农药使用量,形成长效科学利用机制,成为河套灌区农业良性发展的重大问题之一。

目前,国内外关于秸秆还田改良盐渍土、改善土壤生态环境和提效增产等方面做了大量研究,也取得了较多成果。前人研究主要集中在秸秆混施或覆盖在某一方面的影响,但关于灌区盐渍化耕地秸秆覆盖下夏玉米优化灌施制度研究较少。本研究在河套灌区开展了优选秸秆覆盖耕作模式及秸秆覆盖下夏玉米优化灌施制度的田间试验,并基于深度学习理论及技术,构建水盐运移模型,进一步优化夏玉米灌溉制度。研究成果对丰富秸秆还田理论及技术体系、秸秆资源化利用等方面具有一定的科学价值和现实意义,同时为深度学习理论及技术在土壤水盐运移模型上的应用提供参考。

1.2 国内外研究进展

1.2.1 土壤水盐运移理论及模型研究

土壤水盐运移理论是描述土壤水分和盐分在时空上的耦合效应,起源于达西(Darcy)定律。从动力学、能量守恒原理分析土壤水盐运移,用偏微分方程建立了多孔介质水运动方程。土壤盐分运移与水分运移相伴发生,水分运移是盐分运移的基础,但有溶质溶解的溶液在土壤中的运移十分繁杂。在20世纪中叶,国外学者通过一系列的试验论证了土壤中的溶质运移速率存在差别,是由溶液的弥散、扩散和对流的综合作用产生的,并在此基础上推导出一维土壤溶质运移方程。随着对土壤水盐运移机制更深入地研究,不再单单考虑弥散和对流,而更加关注田间实际情况,并考虑优先流、大孔隙流、可动水体等影响因素,并且水盐运移模型也逐渐广泛应用。Lapidus等初步探究了土壤水盐运移模型,到20世纪80年代,国际上水盐运移研究以Bresler总结的水盐运移理论和模型为代表。这时期,国内对土壤水盐运移也开展了大量的研究。石元春系统地开展了水盐运移的理论与试验研究;黄康乐通过交替方向的特征有限单元法探索了二维饱和与非饱和溶质运移问题;孙菽芬等采用差分数值法模拟了积盐中土壤水盐运移规律;胡克林探究了农田尺度下土壤属性的时空变异特性,并随机模拟硝酸盐淋洗过程。这些研究成果为土壤水盐运移理论的进一步深入研究提供了积极的借鉴意义。

自20世纪80年代Bresler总结的水盐运移理论和模型以来,陆续研究开发出一系列的模型和软件。土壤水盐运动方程是非线性的、土壤质地多样、初始边界条件复杂、参数众多,很难得到准确的解析解,而数值方法是目前求解模拟水盐运移问题的有效方法。近年来,随着计算机性能和技术的提高,基于计算机的数学模型有 Hydrus,WAVE,SWAP,FEFLOW,2DFATMIC 等,并开展相关研究,取得了一定成果。

水盐运移模型大致可分为以下两类:

1)物理模型

与其他学科一样,物理模型主要采用相似准则,通过按照一定比例构建实物体,模拟科研问题,即常说的室内模拟试验,包括土壤实验参数的测定等属于这个范畴。

2)确定性数学模型

该模型的边界参数都是确定的,主要由对流-弥散方程构成,可较好地模拟土壤水盐在多孔介质中的运移机理及在时空上的差异变化,是目前广泛采用的一类模型。

土壤盐分运移的基本方程为

$$\frac{\partial(\theta c)}{\partial t}=\frac{\partial}{\partial z}\left[D(\theta)\frac{\partial c}{\partial Z}\right]-\frac{\partial(qc)}{\partial Z} \tag{1.1}$$

土壤水分运移的基本方程为

$$\frac{\partial\theta}{\partial t}=\frac{\partial}{\partial z}\left[D(\theta)\frac{\partial\theta}{\partial Z}\right]-\frac{\partial K(\theta)}{\partial Z} \tag{1.2}$$

式中 θ——土壤体积含水量,cm^3/cm^3;

c——土壤溶液浓度,g/cm^3;

D——水动力弥散系数,cm^2/s;

q——土壤水渗流系数,cm/s;

Z——空间坐标,原点在地表,向下为正,cm;

t——时间变量,T;

$K(\theta)$——水力传导度,cm/s;

$D(\theta)$——扩散度,cm^2/s。

此外,模拟水盐运移时,确定性数学模型中仅考虑水分垂向运移可建立一维 Richards 模型,Gottardi(1993 年)等详细阐述了一维 Richatds 模型的形式及数值解法;考虑土壤吸附、分解等源汇项可建立非饱和土壤溶质数学模型;考虑不动水体和可动水体可建立两区模型。除了上述两种常用的模型,水盐运移模型还有将土壤溶质运移作为随机过程处理,1974 年 Jury 提出溶质迁移函数模型(TFM);1975 年 Stanford 提出用于水质评价的黑箱模型及 Melsen 将土壤空间变异理论引入土壤水盐运移理论中,提出随机统计模型。

土壤水分运动及溶质运移方程的求解往往因边界条件复杂、计算参数众多、数值方法繁杂,在土壤水盐动态预测中运用受限。针对数值解析法存在的不足,许多学者将机器学习-人工神经网络技术应用到土壤水盐运移分布预测的研究上。机器学习起源于 20 世纪 50 年代,以实测数据为基础,选取适当的算法,训练得出模型的一种技术。它的本质是借助计算机的高计算性能,选取不同的数学算法模型对实际数据进行拟合与迭代逼近,通过样本训练拟合出现实问题的未知函数,实现直接编程无法完成的一种方法。但机器学习的传统算法在计算、识别、检测等领域显得力不从心,此时深度学习算法的出现突破了机器学习发展瓶颈,扩大了人工智能应用的领域。

Schindler 等认为,基于数据驱动的模型较基于过程机理模型更具优势。作为当前机器学习领域最为活跃的深度学习理论及技术,在时间序列上的学习和表征具有明显的优势。深度学习通过组合低维度数据特征构建更抽象的结构化高维度,发现数据分布规律,并从少数样本集中学习数据本质,其在计算机视觉、自然语言处理、机器翻译、医疗、生物识别等领域已取得长足发展。康俊锋等比较了 6 种不同的机器算法模型预测 $PM_{2.5}$ 浓度间的差异;基于深度学习序列到序列的算法建立的上海市 $PM_{2.5}$ 统计预报模型,能有效地提高预报 $PM_{2.5}$ 精度;深度学习在疾病诊断中广泛应用;基于深度学习的算法能够高效检测出大豆缺素分类,与迁移学习融合能更清晰、连贯地提取寒旱区遥感河流影像;闵超等综述了深度学习在石油行业的发展与展望。但是,深度学习在农田土壤水盐运移模型方面的应用鲜见报道。由于农田土壤的复杂性与特殊性,目前还没有适宜土壤水盐运移的深度学习训练样本库,也没有针对性地建立深度学习模型和算法体系。但是,随着检测手段的发展及信息的不断积累,深度学习理论及技术会在土壤水盐运移领域的应用上逐步得到广泛认可,表现出比传统过程机理模型更高效、更精准的优势。

1.2.2 秸秆覆盖对土壤水盐运移的影响

河套灌区地下水埋深较浅,土壤蒸发强烈,土壤水上移占主导地位,造成土壤水损失较多。农业生产中,作物吸收的水分主要是地面灌溉水和地下补给水,但因灌区的腾发作用强烈导致作物生育期土壤水蒸发损失占比为32% ~ 53%,因此,采取适宜的耕作措施减少这部分无效的水分损失,对提高灌溉水及作物的水分利用效率都具有积极的意义。土壤水分是盐分的载体,地下水通过土壤毛细管向耕作层补给与迁移,但河套灌区腾发作用强烈,导致水走盐留,大量盐分表聚。河套灌区土壤次生盐渍化、面源污染大等问题已严重阻碍着灌区农业可持续发展,节约农业灌溉用水、改良土壤盐渍化、提高作物产量等已成为灌区亟须解决的重要问题。

Sarkars 等指出,合理的覆盖措施能够调节水肥,提高土壤蓄水能力。近年来,国内外学者关于秸秆覆盖改善土壤、提高土壤含水率、减少蒸发等方面开展了大量的研究,秸秆覆盖作为一种盐渍化土地改良措施被广泛关注。研究表明,秸秆覆盖可改善土壤养分与土壤水分的分布,且在盐碱地上进行秸秆覆盖,可降低表层温度,形成“低温效应”,一定程度上可抑制土壤水分蒸发,提高表层土壤含水率,改善根土微环境;但因秸秆表覆导致低温,形成“缓解效应”,降低了越冬时期土壤的回暖速率,对越冬小麦等作物产生不利的影响。刘继龙等指出秸秆表覆下土壤含水率的时间稳定性与玉米的穗质量的多尺度的相关程度较单一尺度相关程度大;将秸秆混拌可改善土壤团聚体,提高土壤通透性,促进降雨入渗的利用，提高水分利用率，氨化秸秆较普通秸秆还田可显著地节约农业灌溉用水，并且提高作物产量。张海云等将玉米秸秆做深埋处理发现，秸秆深埋能够显著提高 0 ~ 60 cm 土层的含水率，同时也能提高水分利用效率；乔海龙等开展了室内土柱模拟试验，试验将玉米秸秆粉碎后埋设在 20 cm 土层，人工铺设 3 cm 厚，发现秸秆隔层能减缓灌溉水的入渗，显著降低土壤重力水入渗速率，使得 0 ~ 20 cm 土层能较长时间保持高含水率；而在土壤水分蒸发过程中，秸秆隔层切断了土壤毛管通道，能够很大程度上阻碍地下水通过毛管作用向表层土层运移，减少了土壤无效蒸发，深层土壤水分蒸发量也减少 2% ~ 3%，对深层土壤蓄纳水分及保墒具有积极的作用；安俊朋等在垄间的间隔浅埋秸秆(15 cm)，打破了耕地障碍层，显著提高水分利用效率和春玉米产量。另外，Bezborodov 等研究发现，秸秆地表覆盖与不同矿化度的水质结合灌溉时，显著影响土壤各层的水盐含量，当灌溉适宜矿化度的水，秸秆地表覆盖可有效调控根层的盐分含量，提高作物产量和水分生产力，能保证高矿化度水灌溉的用水安全，节约淡水资源。

近年来，以作物秸秆为原材料，将秸秆埋设在不同深度的土层里，改良盐渍土及蓄水保墒抑盐成为研究的热点。研究表明，秸秆覆盖可通过调控土壤水盐分布，抑制土壤水分蒸发，减少地表返盐，达到改良盐渍化土地的目的。但是，地表覆盖耕作措施主要抑制土壤表层(0 ~ 20 cm)盐分上返，而一般的作物根系分布范围较大，85% 左右的根系分布在 0 ~ 40 cm 土层，并且该土层根系对作物产量的贡献率高达 63%。因此，在农业生产中通过增加秸秆覆盖的深度来提高秸秆对作物根系密集区盐分抑制作用，淡化根区溶液环境。周昌明等指出，连垄全覆盖降解膜能够增加土壤蓄水量，利于雨水入渗；秸秆深埋-地膜耕作措施能够抑制深层土壤返盐，提高油葵产量；发挥土壤水库调蓄作用，改善作物养分和水盐的供需平衡。

由此可知，秸秆深埋、秸秆表覆或混拌的耕作措施能够阻缓地下潜水蒸发，有效降低盐分表层聚积，减小作物根系-土壤界面的土壤盐分含量，并且可有效地减缓耕作层水分下渗损失，提高了耕层含水率，在一定程度上有效地缓解水资源短缺的问题。本研究以此为切入点，研究秸秆覆盖下不同灌水量对土壤水盐运移、夏玉米生长及产量与水分利用效率的影响，筛选适宜的灌水定额，调控耕作层的土壤含盐量，为河套灌区秸秆全面资源化利用及推广秸秆深埋技术提供理论依据。

1.2.3 秸秆覆盖对土壤氮素及地下水氮污染的影响

氮素是作物生长必不可少的营养元素之一。农业生产过程中，为了追求高产而盲目地大量施用氮肥，但过量地施用氮肥，不仅对作物增产效果不显著，降低了氮肥利用效率，还会导致盈余氮素在土壤中积累，随着土壤水的逐渐渗漏，移动到深层土壤及地下水中，成为地下水质潜在的污染源，并且过量地施用氮肥在一定程度上会抑制作物营养器官的氮素向作物籽粒转移，影响作物的产量，还可能会大大增加农业面源污染的风险。研究表明，农业生产过程中合理的施氮量可有效地减少进入地下水总氮的浓度，极大地降低了盈余氮素向深层土壤淋溶的风险，进而改善了农田的生态环境。赵允格等研究成垄压实的施氮肥法发现，压实形成的阻水层能够有效减弱施肥区的入渗水流，减少了玉米生育后期的土壤硝态氮向深层土壤的淋溶量；春玉米覆膜种植配施适量氮肥可促进春玉米吸收利用氮肥，提高了氮肥利用效率，实现了春玉米产量和氮肥利用率的协同提高。

河套灌区每年的农业种植，生产出大量的作物秸秆，但作物秸秆的利用率一直较低，并且作物秸秆还会产生不同程度的环境污染。因此，提高灌区作物秸秆资源化利用率，对灌区农业可持续发展具有重要的现实意义。农作物秸秆是一种碳氮等营养元素含量丰富的能源物质，可作为一种氮素缓释有机肥。农作物秸秆还田能提高土壤的有机质，改善土壤团粒结构，有助于土壤肥力的提高，增加耕地的碳汇能力，已被证实在作物增产、降低氮素淋失风险等方面具有积极的效果。研究表明,覆盖栽培对提高旱地土壤温度,蓄水保墒,增加产量有积极的作用,基本成为干旱地区玉米增产的普遍措施。秸秆深埋还田能取得较好的增产效果,增加其液相和气相,起到改变土壤结构和培肥地力的作用,显著增加土壤氮素,减少后期氮素投入量,有利于作物对土壤氮素的吸收,降低氮素的流失概率;与覆膜结合可有效地减少氮素淋溶量;缓解农田生态环境的污染和因使用化肥过量造成的土壤退化等问题,有效地减缓地下水氮素污染。也有研究指出,高覆盖量秸秆还田增大了土壤硝态氮含量,降低固定态铵含量,使土壤氮素盈余增加,增大了土壤氮素淋失风险;有机肥连续施用提高了土壤可溶性有机氮含量,Maeda 等通过 7 年的田间定位试验发现,施用有机肥的前 3 年可实现作物增产和低水平硝态氮淋失,但长期施用仍会导致大量硝态氮淋失。

综上所述,秸秆覆盖既能阻控氮素流失,提高氮素的利用效率,也可利用秸秆腐烂还田提高作物生长后期土壤的供氮能力,为作物生长提供一个良好的土壤环境。关于氮肥减量施用及其他田间措施对土壤氮素及地下水质氮污染的影响,前人已做了大量的研究,取得了积极的研究成果,但关于秸秆覆盖、氮肥减施及其他田间措施对氮素影响的结论存在差异,也鲜见关于三者间对农田土壤中氮素影响及地下水氮污染影响的报道。因此,本研究在优化灌水量下,尝试以减少氮肥施用量,结合秸秆覆盖拦截氮素运移过程间互作作为出发点,分析优化灌水量的不同秸秆覆盖方式与减量施氮耦合对土壤的氮素分布、地下水氮污染、氮利用效率及夏玉米生长的效应,以期优化秸秆覆盖-施氮耦合下夏玉米施氮定额,并丰富秸秆还田理论,减少灌区农田面源污染提供技术支撑和理论依据。

1.2.4 秸秆覆盖对土壤莠去津残留及消解的影响

农业生产中的农药滥用问题十分突出,过量地施用农药导致杂草抗药性增强,超过土壤的自净能力而污染农田生态环境,降低土壤生产力。莠去津学名

2-氯-4-乙胺基-6-异丙胺基-1,3,5-三嗪,又名阿特拉津(Atrazine,AT),是一种国内外广泛使用的均三氮苯类除草剂,适用防除一年生禾本科和阔叶杂草,对某些多年生杂草有一定的抑制作用。莠去津易于溶解、残留期较长,具有生物累积性、长距离迁移能力和高毒性,可通过食物网积聚,对人类健康及环境造成不利的影响。一方面,莠去津可通过植物的根系和叶子进入植物体内,对作物产生毒害作用,进而导致农作物减产;另一方面,土壤吸附能力较差,难降解,容易被淋洗进入较深的土层,甚至进入地下水,对土壤环境造成了严重污染。研究表明,植物根系通过根际效应可提高土壤微生物数量和活性,增加土壤可培养细菌数量,分泌的酶可直接降解莠去津。土壤莠去津的吸附降解除了与农药自身理化性质有关,还受到土壤有机质、pH 值、温度、微生物数量和活性、土壤酶等因素的影响。莠去津降解的规律符合一级动力学方程。杨炜春等指出土壤有机质的含量越高,越有利于莠去津在土壤中的吸附降解;张超兰等通过施入无机-有机肥,提高污染土壤微生物的数量和活性,从而加速有机污染物的生物降解,从而可快速、有效地修复被污染的土壤,降低莠去津在土壤中的消解半衰期。秸秆还田作为改善土壤生态环境和提高土壤肥力的一种重要耕作措施已经被广泛认可,其能对农业生产产生积极的影响。通过施用适量的氮肥可促进秸秆分解,能有效地提高无机氮含量,增加了土壤速效养分含量和微生物数量,提升土壤的有机质稳定性及土壤有机质含量,并且能提高并保持较长时间的酶活性。

目前,关于莠去津的研究多针对其施用量及施用方式,基于莠去津降解过程这一角度的研究较少,鲜有研究秸秆覆盖配施不同量氮肥对土壤莠去津消解的影响。因此,在河套灌区开展秸秆覆盖配施氮研究,揭示秸秆覆盖下莠去津降解机理及在土壤中的消解、残留的过程,对改善农田生态环境,维持土壤健康及食品安全等方面具有重要的现实意义。

1.2.5 秸秆覆盖对作物生理形态的影响研究

覆盖耕作措施有效调节农田生态环境,改善土壤的水盐分布,系统地从作物生理形态及土壤生态环境等方面促进作物的生长发育。在农业生产过程中,掠夺性的生产日益严重,造成了土壤的板结、肥力下降,机械阻力增强,还降低土壤的通透性,影响着作物根系的生长和根的穿透力,造成了作物根冠比失衡,从而诱发了作物根部产生大量的脱落酸,抑制地上部作物植株生长,造成作物低产。研究表明,秸秆覆盖可显著促进冬小麦对降雨的利用率,改善小麦根系的生态环境,并且与深翻结合的耕作模式显著降低了根系层的容重,有效地促进深层根系的生长,作物显著增产。秸秆覆盖能够降低耕作层盐分含量的累积,有利于减轻耕作层的盐分胁迫对作物生长的影响,提高盐渍化耕地的出苗率,降低了胞间 CO_2 浓度,对作物的光合速率、蒸腾速率、水分利用效率等指标都有积极的作用,促进作物生长,提高作物产量,可有效地提高植株的株高、叶面积、生物量等。作物根系生长是先于地上部植株停止生长的,导致作物后期生长养分累积不足,不利于植株内部营养元素的转运,影响作物产量。因此,根系是作物吸收养分和水分最重要的器官,分析作物的根系形态、分布与结构,特别是深层根系,是作物高产特别重要的环节。研究表明,秸秆覆盖降低了耕作层的盐分含量,有利于盐渍化耕地作物根-土壤界面根系的发育,增加下茬作物的根际土壤微生物的生物量及种群的多样性,可有效地提高土壤酶活性,显著降低作物根系衰老。

1.2.6 秸秆覆盖下土壤养分、农药、生态环境间的相关性

研究表明,土壤中盐分胁迫改变土壤的渗透势,影响作物对水分养分的吸收利用及作物的生长发育,甚至对作物产生毒害作用,而适宜的水肥用量可缓解这种影响。过量施氮不利于氮磷向籽粒转移,产量无显著提高,并且土壤氮

素过剩和氮肥利用效率较低,对农田土壤环境产生不利影响,而吕鹏等在夏玉米生育期开展分次施肥研究,并在灌浆期适量施氮,能显著地提高夏玉米产量并提高氮素利用率。可知,盐渍化土壤施氮过少,影响作物的生长;但过量施氮又加重了土壤盐渍化,降低氮肥利用效率,土壤盈余氮素增加,被淋洗进入地下水造成环境污染。因此,土壤水盐、养分与生产效益间具有较好的协同效应。在盐渍化灌区农业生产过程中,既要减轻土壤盐分胁迫,又要控制水肥用量。秸秆还田耕作措施有效地减轻秸秆焚烧带来的环境问题,改善土壤结构及增强土壤保水能力与通透性,并降低耕作犁底层的容重,较好地避免营养元素的径流和淋失。另外,秸秆还田在一定程度上有效增加有机质和养分含量,提高土壤氮磷钾等元素含量、增加作物根系耕作层微生物群落数量和活性,提高耕层土壤酶活性,有利于培肥土壤,维持土壤养分平衡,改善土壤和作物生长的农田生态环境,实现作物产量与水肥利用率的协同提高。秸秆覆盖在改善农田土壤水盐肥迁移转化的同时,也对耕层土壤生态微环境产生影响,进而影响着灌区除草剂莠去津的消解和残留。莠去津在我国应用范围较广,占玉米除草剂使用量的60%左右,在土壤中的回收率较高,属于易降解的农药,其性质稳定、持效期长。在作物生长过程中,莠去津被植株吸收,残留在作物中,同时土壤中残留或渗漏的莠去津进入地下水,这是农田生态环境潜在的污染源。土壤中的养分与农药莠去津的消解或残留息息相关,因此,秸秆覆盖条件下,需要从土壤养分与莠去津间互馈关系开展研究,深入探究它们之间的互作机制。

综上所述,在河套灌区盐渍化耕地开展秸秆覆盖试验,探究植物生理形态指标、土壤生态环境指标、土壤养分指标对不同覆盖方式下不同水、肥处理的响应,可得到灌区盐渍化耕地秸秆覆盖下夏玉米优化灌施制度,深入揭示优选秸秆覆盖耕作模式下优化灌施制度的抑盐-调水肥-降药-提效增产的协同作用机理,更好地促进河套灌区农业良性发展,维持灌区农业生态系统平衡。

1.2.7 有待研究的科学问题

土壤盐渍化、水资源短缺、农田面源污染等问题严重阻碍着我国农业的健康发展,影响着土壤生产力、农田生态环境等。目前,关于秸秆覆盖对作物及其根系的调控效应、土壤盐分调控机制、养分利用及农药消解研究不足,同时在秸秆覆盖下作物的优化灌施制度方面的研究还需进一步探索。以下科学问题还有待于进一步深入探讨:

1)秸秆覆盖对作物根系的调控效应

研究秸秆覆盖与耕作方式对作物根系调控效应及作物生长效应的影响,揭示不同秸秆覆盖的作物根系调控机制,并优选秸秆覆盖耕作模式。

2)秸秆覆盖下土壤-秸秆连续体盐分调控机理及作物的优化灌水定额

研究秸秆覆盖-灌水量耦合下土壤水盐分布及作物生长效应的响应,明确土壤-秸秆连续体水盐运移规律及盐分调控机理,优化秸秆覆盖下作物灌水定额。

3)秸秆覆盖下降污提效的调控机制

研究秸秆覆盖-施氮耦合对作物根系时空分布及氮利用、土壤养分分布、地下水氮污染及莠去津消解残留的影响,分析秸秆覆盖下降污提效的调控机制,优化秸秆覆盖下作物施氮定额。

1.3 研究目标与内容

1.3.1 研究目标

本研究以河套灌区盐渍化土壤为研究背景,采用田间试验与数值模拟的研究，揭示秸秆覆盖下土壤-秸秆连续体盐分调控机理及降污提效机制，提出较好的秸秆覆盖方式下夏玉米的优化灌施制度。

1.3.2 研究内容

本书研究了优化秸秆覆盖的夏玉米根系调控及水分利用效率；定量分析了秸秆覆盖下不同灌水量的土壤水盐运移规律及作物生产效益，并基于深度学习理论及技术构建嵌入神经网络模型（Progressive Salt-Water Embedding Neural Network，PSWE），模拟多因素协同秸秆深埋下不同灌水量的土壤水盐运移，并优化秸秆深埋下夏玉米灌溉制度；同时，研究了在优化灌溉制度下秸秆覆盖-减量施氮对作物-土壤系统土壤养分及生境的影响，优化秸秆覆盖施肥制度。本研究成果将为河套灌区实现“节水抑盐、提效增产、改善环境”的目标、促进灌区农业健康发展提供技术支撑和理论依据。

具体研究内容如下：

①秸秆覆盖与耕作方式下夏玉米生长效应及水分利用效率的影响。通过开展秸秆覆盖与耕作方式耦合的试验，探究夏玉米根系时空分布及调控效应，分析夏玉米产量及水分利用效率，优选秸秆覆盖的耕作模式。

②秸秆覆盖-灌水量耦合下土壤水盐运移及作物生长效应的响应。通过秸秆覆盖下夏玉米灌水制度优化的试验，研究了秸秆覆盖下不同灌水量对土壤水盐入渗规律及分布的影响，探讨了在秸秆隔层影响下土壤水盐入渗机理；分析了农田作物生理形态指标的响应，揭示了秸秆隔层抑盐节水的作用机理，为率定和检验模型提供基础数据及依据。

③基于递进水盐 PSWE 模型的夏玉米灌水定额优化模拟。基于深度学习理论及技术，构建作物生育期的 PSWE 模型，采用田间试验实测数据，率定及检验模型，应用检验后的模型模拟作物生育期土壤含水率及含盐量的变化分布，并预测夏玉米产量及水分利用效率，提出秸秆覆盖下夏玉米优化的灌水制度。

④秸秆覆盖-施氮耦合对氮素调控与莠去津降解的影响。通过秸秆覆盖-施氮耦合下夏玉米施肥制度优化的试验,探究农田土壤氮素的时空分布,地下水质氮污染,植株根系时空分布及氮素转运利用效率,揭示作物-土壤系统中氮素吸收、转运及平衡的调控过程与机制;并探究了二者对土壤养分含量的影响,分析莠去津在土壤中的半衰期及消解残留影响的规律,建立莠去津消解的一级动力学方程,估算其消解效率,揭示秸秆覆盖下莠去津残留及消解半衰期与土壤养分间的内在机制,提出秸秆覆盖下夏玉米优化的施氮制度。

1.4 技术路线

首先开展秸秆覆盖与耕作方式耦合试验,基于夏玉米根系调控效应及作物生长效应,优选秸秆覆盖耕作模式;同时开展秸秆覆盖-灌水量耦合的试验,为期3年,研究水盐运移规律及夏玉米生长的响应机制,优选秸秆覆盖下夏玉米田间试验尺度下较优灌水定额,并将3年试验数据作为构建模型的训练和验证集,采用深度学习理论及技术构建 PSWE 模型,模拟多因素协同秸秆深埋的土壤水盐运移和夏玉米生产效益,进一步优化秸秆深埋下的灌水定额;采用优化的灌水量开展秸秆覆盖-施氮耦合的田间试验,研究二者耦合下土壤氮素时空分布、植株根系分布及氮素吸收利用、地下水质氮污染、莠去津消解规律的响应机制,提出秸秆覆盖下夏玉米优化的施氮定额,最终提出优选秸秆覆盖方式下夏玉米优化的灌施制度。

具体技术路线如图1.1所示。

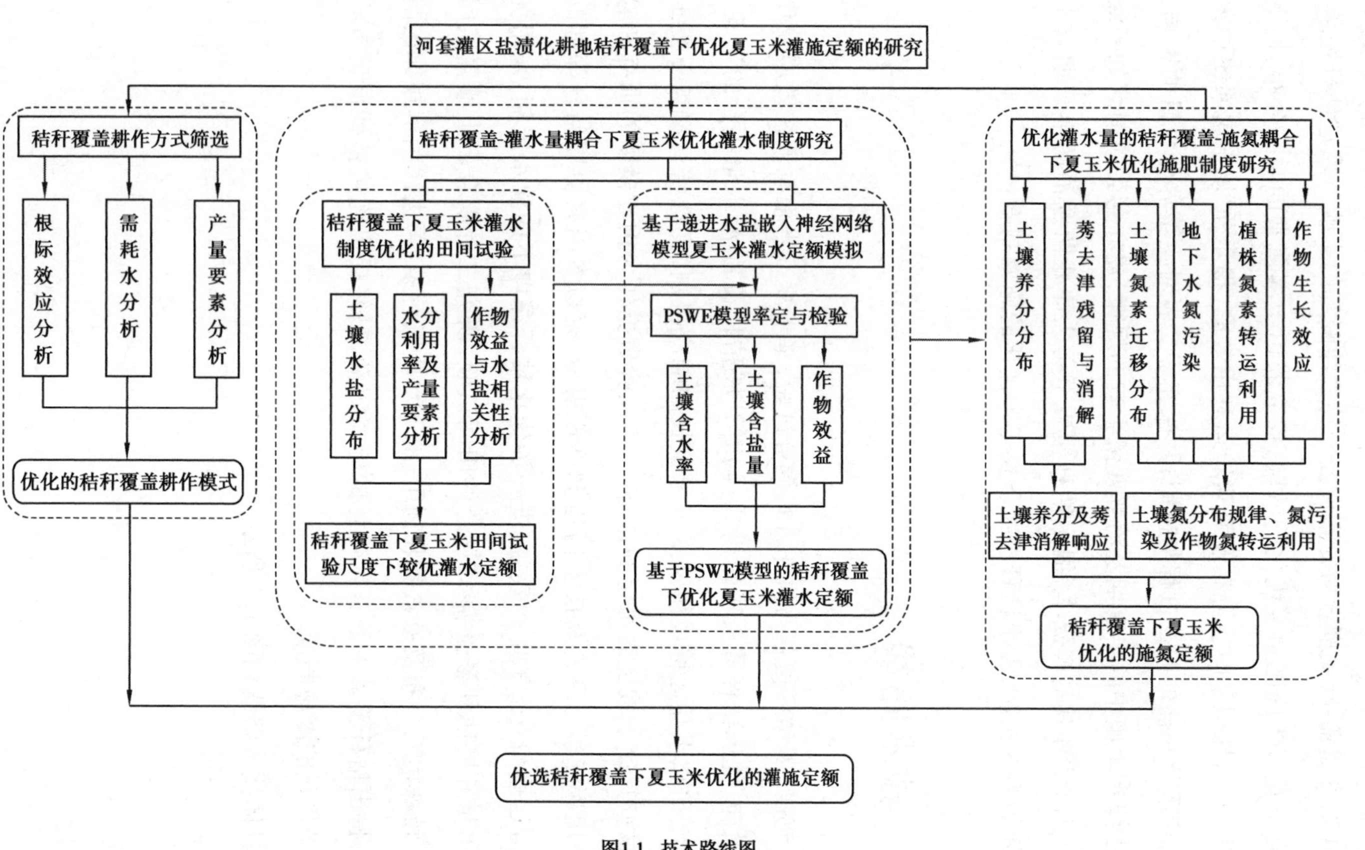

河套灌区盐渍化耕地秸秆覆盖下优化夏玉米灌施定额的研究
秸秆覆盖耕作方式筛选
根际效应分析
需耗水分析
产量要素分析
优化的秸秆覆盖耕作模式
秸秆覆盖-灌水量耦合下夏玉米优化灌水制度研究
秸秆覆盖下夏玉米灌水制度优化的田间试验
土壤水盐分布
水分利用率及产量要素分析
作物效益与水盐相关性分析
秸秆覆盖下夏玉米田间试验尺度下较优灌水定额
基于递进水盐嵌入神经网络模型夏玉米灌水定额模拟
PSWE模型率定与检验
土壤含水率
土壤含盐量
作物效益
基于PSWE模型的秸秆覆盖下优化夏玉米灌水定额
优化灌水量的秸秆覆盖-施氮耦合下夏玉米优化施肥制度研究
土壤养分分布
莠去津残留与消解
土壤氮素迁移分布
地下水氮污染
植株氮素转运利用
作物生长效应
土壤养分及莠去津消解响应
土壤氮分布规律、氮污染及作物氮转运利用
秸秆覆盖下夏玉米优化的施氮定额
优选秸秆覆盖下夏玉米优化的灌施定额

图1.1 技术路线图

2　研究区概况及试验方案

2.1　试验区概况

2.1.1　基本概况

试验区位于内蒙古河套灌区临河区双河镇九庄农业示范区。临河区地处河套灌区腹地，黄河“几”字弯上，北依阴山山脉狼山、乌拉山南麓，南临黄河，与鄂尔多斯高原隔河相望，东至包头市郊区，西接乌兰布和沙漠。试验区年均气温在5.9～9.0 ℃，积温在2 700～3 200 ℃(>10 ℃)，年均无霜期在120～150 d，全年日照3 100～3 230 h，土壤为季节性冻土，年平均冻深约0.98 m，封冻期达到108 d，降雨量少，年际变化大，年均降雨量在130～250 mm，雨热同季。全年主风向为西南及西北风，年风沙达47～105 d，造成全年70%以上的降雨和80%以上的侵蚀产沙主要分布在7—9月。年均蒸发量高达2 332 mm，为降水量的10多倍，导致春季返盐较为严重。灌区地下水是“垂直入渗蒸发型”，黄河水灌溉入渗是其主要补给源，但灌溉水利用效率较低。年均地下水埋深在1.6～2.2 m，最深可达2.5 m(一般在3月)，最浅仅为0.5 m左右(一般在11月)。大部分区域地下水矿化度小于4 g/L，但农业生产季后(11月份)，部分区域地下水矿化度增加，达到5 g/L。土壤有机质含量低，肥力偏低，营养元素分布不匀，灌区盐渍土壤广泛分布，并且因不合理灌溉和地下水埋深较浅，土壤次生盐渍化日趋严重,对农业生产和作物生长极其不利。试验区海拔 1 040 m,北纬 40°41′N,东经 107°18′E,属半干旱大陆性气候。试验于每年 5—9 月在示范区开展,采用黄河水灌溉。据示范区微型气象站数据整理得到 2017—2019 年各月份气象数据,见表 2.1—表 2.3,试验区日降雨量和气温变化如图 2.1—图 2.3 所示。土壤蒸发由田间试验的微型蒸渗仪测得,在裸地、当地对照及试验布置的小区内分别设置,监测每年夏玉米生育期(5—10 月)的土壤蒸发,具体结果见表 2.1—表 2.3。

表 2.1　2017 年气象数据月均值

月份	气温/℃			土壤蒸发/mm			降雨(雪)量/mm
	最低气温	最高气温	平均气温	小区平均值	当地	裸地	
1	−21.2	−5.1	−7.8				0
2	−18.5	−2.8	−4.1				1.5
3	−10.2	13.2	2.3				19.8
4	−2.1	23.6	11.8				9.5
5	6.2	26.3	18.6	186.14	187.3	191.24	9.2
6	11.8	35.9	22.5	175.63	181.44	194.43	40.7
7	23.6	34.3	25.5	249.46	251.28	272.43	29.8
8	15.6	29.8	22.1	222.45	221.23	232.37	12.4
9	7.3	20.2	17.6	179.17	189.82	195.48	3.8
10	−0.4	18.9	10.3				18.4
11	−15.3	10.2	−0.91				1.2
12	−16.8	−1.2	−7.12				0

表 2.2　2018 年气象数据月均值

月份	气温/℃			土壤蒸发/mm			降雨(雪)量/mm
	最低气温	最高气温	平均气温	小区平均值	当地	裸地	
1	−20.0	−10.3	−10.6				0.4
2	−15.9	−2.3	−7.9				0
3	−9.9	14.3	3.4				14.3

续表

月份	气温/℃			土壤蒸发/mm			降雨(雪)量/mm
	最低气温	最高气温	平均气温	小区平均值	当地	裸地	
4	-1.4	25.2	12.7				11.1
5	2.9	31.1	18.7	123.14	124.29	128.34	20.2
6	11.5	33.7	24.7	155.86	187.15	196.92	29.7
7	14.9	36.5	24.6	193.01	212.82	230.23	34.9
8	12.3	36.4	23.6	146.91	154.03	176.31	42.4
9	0	27.5	14.4	159.05	170.18	176.12	34.8
10	-4.1	22.5	6.9				11.4
11	-11.1	18.6	0.1				0
12	-25.1	7.1	-10.6				0

表 2.3　2019 年气象数据月均值

月份	气温/℃			土壤蒸发/mm			降雨(雪)量/mm
	最低气温	最高气温	平均气温	小区平均值	当地	裸地	
1	-21.5	-2.8	-9.5				1.2
2	-20.6	-3.3	-6.6				0
3	-8.5	19.1	3.6				8.3
4	-4.1	27.7	13.4				10.6
5	-0.2	33.8	16.1	133.25	136.92	128.34	10.5
6	8.7	33.2	22.7	185.85	187.75	196.94	41.65
7	9.0	35.6	23.9	193.42	232.68	270.22	22.11
8	9.4	33.4	21.7	156.91	174.59	196.66	17.92
9	1.1	28.4	15.4	149.07	160.99	176.42	20.1
10	-5.7	29.9	8.0				7.4
11	-13.2	16.3	0.8				1.7
12	-21.3	6.9	-8.0				0

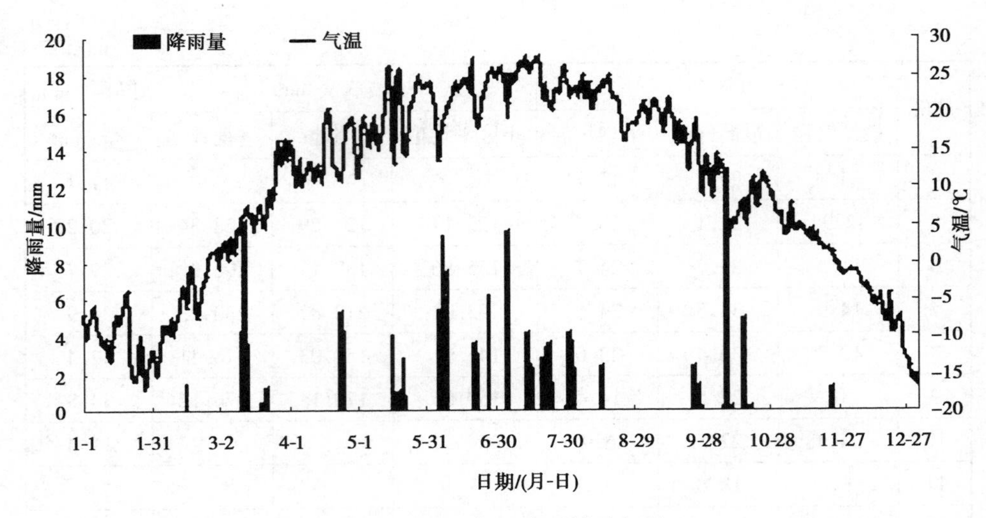

图 2.1　2017 年日降雨量及气温

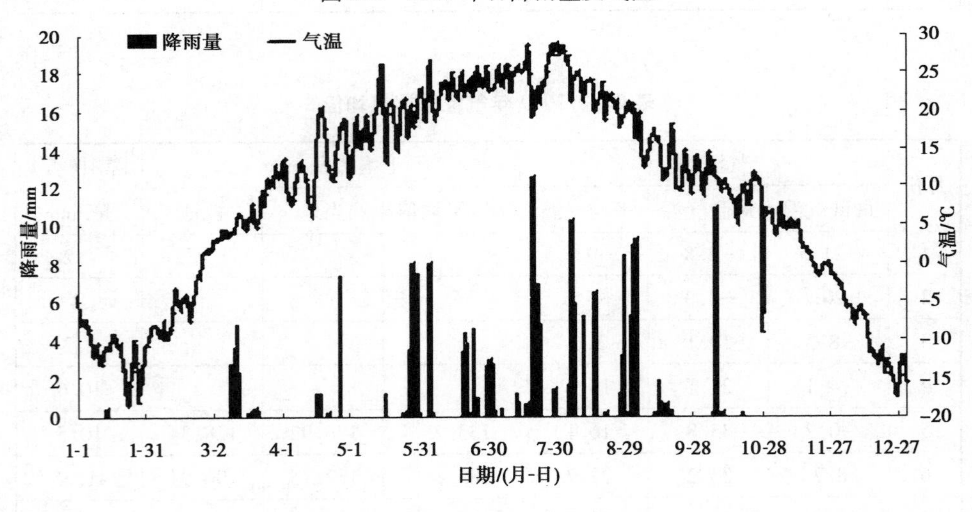

图 2.2　2018 年日降雨量及气温

2.1.2　试验区土壤质地

2017 年在试验区取样,进行土壤物理性质初期指标分析。取 5 层土样 0 ~ 20,20 ~ 40,40 ~ 60,60 ~ 80,80 ~ 100 cm,测定土壤容重、各层土壤剖面颗粒级配及组成,按照土壤质地三角图(USA)划分,结果见表 2.4。供试土壤类型为中度

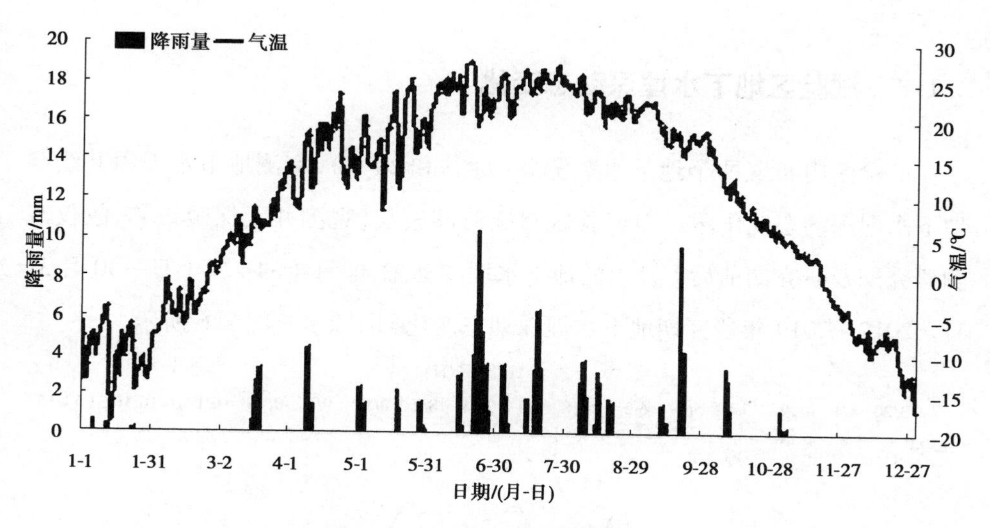

图 2.3　2019 年日降雨量及气温

盐碱化土，质地为粉沙壤土（沙粒、粉粒和黏粒质量比为 8 :15 :2），0 ~ 100 cm 土体平均容重 1.484 g/cm³，平均田间持水率 22.57%。各土层养分含量见表 2.5。

表 2.4　供试土壤质地

土层深度/cm	不同粒径的质量百分数/%			容重/(g·cm⁻³)	质地
	2.0 ~ 0.05 mm	0.05 ~ 0.002 mm	< 0.002 mm		
0 ~ 20	22.94	71.03	6.03	1.462	粉沙壤土
20 ~ 40	18.50	72.90	8.60	1.514	粉沙壤土
40 ~ 60	21.03	69.93	9.04	1.491	粉沙壤土
60 ~ 80	23.49	69.70	6.81	1.482	粉沙壤土
80 ~ 100	19.46	74.64	5.90	1.471	粉沙壤土

表 2.5　供试土壤养分含量

土层深度/cm	pH 值	有机质/(g·kg⁻¹)	全氮/(g·kg⁻¹)	全磷/(g·kg⁻¹)	碱解氮/(mg·kg⁻¹)	速效磷/(mg·kg⁻¹)	速效钾/(mg·kg⁻¹)
0 ~ 20	8.08	19.52	1.04	1.02	57.76	25.11	298.60
20 ~ 40	8.12	13.95	0.86	0.82	40.18	7.78	255.20
40 ~ 60	8.14	10.47	0.68	0.63	24.82	6.58	219.10
60 ~ 80	8.25	9.02	0.59	0.54	28.68	5.93	145.60
80 ~ 100	8.11	7.57	0.55	0.49	23.20	5.05	135.02

2.1.3 试验区地下水埋深动态变化

试验区内布置两个地下水观测井(1#井和2#井),实测地下水埋深并绘制地下水埋深动态变化图。因试验区封冻时间较长,观测井无保暖设施,故仅观测研究期及研究期前后1月内的地下水埋深动态,即每年的4月1日—10月31日。2017—2019年研究期地下水埋深动态变化如图2.4—图2.6所示。

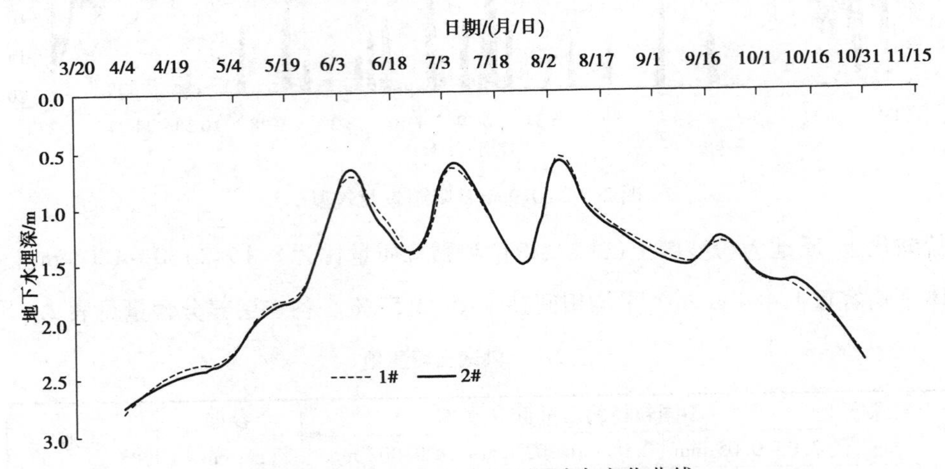

图2.4 2017年地下水埋深动态变化曲线

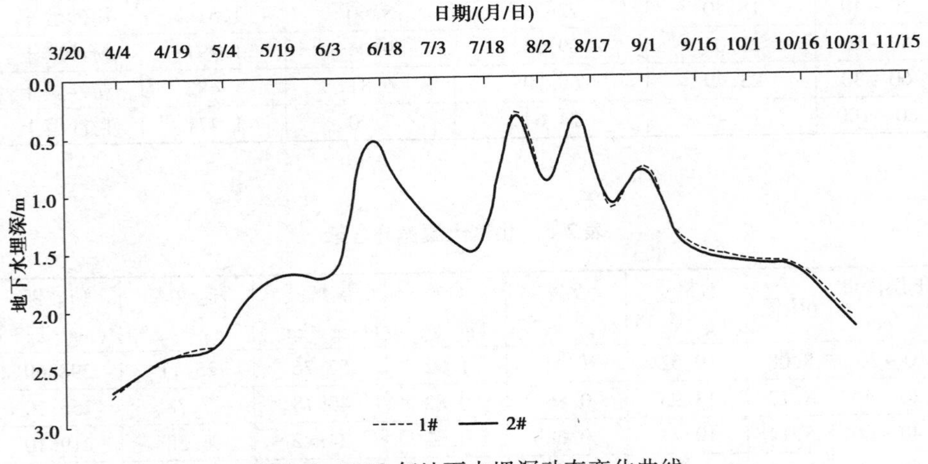

图2.5 2018年地下水埋深动态变化曲线

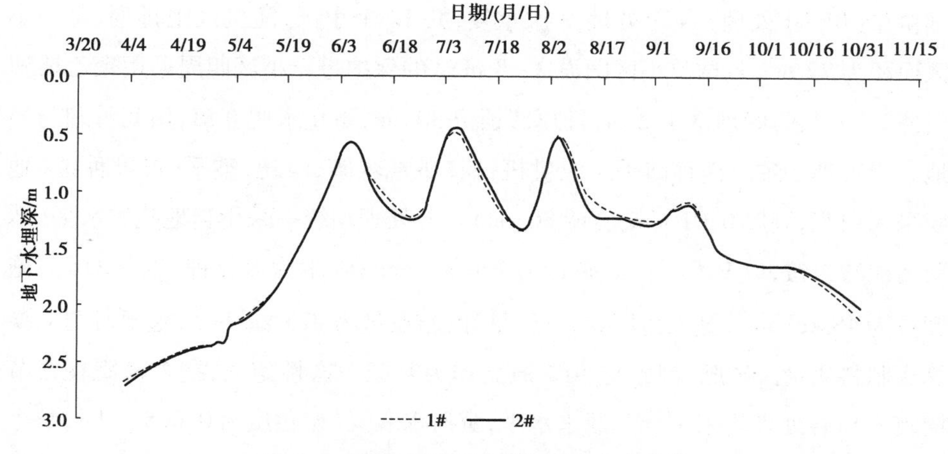

图 2.6 2019 年地下水埋深动态变化曲线

试验区地下水埋深在生育期变幅较大,随降雨和灌溉水补给而变浅,后随生育期推移而下降,在播种前和收获后地下水埋深较大。试验期平均地下水埋深为0.35～2.86 m,变化趋势基本一致,2018 年较浅,是2018 年降雨大所致。3年生育期地下水最小埋深的多个峰值出现在灌溉或有效降雨后,即 6 月初、7 月中和 8 月初。随生育期推移,地下水埋深逐渐下降,但在两次灌溉间,地下水埋深下降幅度较小,维持在 1.5～1.7 m,这也是造成灌区土壤盐渍化的主要原因之一。夏玉米播种前,因土壤解冻及春小麦灌溉的影响,试验区地下水埋深逐渐变小;夏玉米收获后,灌区暂无水源补给,且降雨极少,土壤蒸发较强,造成地下水埋深逐渐增大。

2.2 试验方案

2.2.1 秸秆覆盖与耕作方式的优选试验

1)试验设计

试验设置:当地常规耕作(CK 处理)、秸秆表覆+常规耕作(BF 处理)、秸秆深埋+深翻耕作(耕作层—秸秆隔层—心土层)(SM 处理)、秸秆表覆+深埋+深翻耕作(BFSM 处理),4 个处理,3 次重复,共 12 个小区,随机区组排列,每个小区面积为 72 m^2,各试验小区间设 2 ~3 m 宽的保护带。小区四周采用聚乙烯塑料薄膜隔开,薄膜埋深 1.2 m,且顶部预留 30 cm,防止水肥互窜,田间管理与当地农户管理一致。播种前采用农耕机械将耕地辊磨、浅耙、整平,覆膜种植(地膜采用白膜,膜厚 0.01 mm,宽幅 80 cm)。各处理均统一采用当地施肥水平(磷肥为磷酸二铵,以 P_2O_5 计,施磷量为 150 kg/hm^2;钾肥为氯化钾,以 K_2O 计,施钾量为 45 kg/hm^2;氮肥为尿素,以纯氮计,施氮量为 225 kg/hm^2,施肥时均应换算成肥料质量。磷肥、钾肥与 50% 氮肥作为基肥一次性施入,剩余氮肥在拔节期施入);各处理均采用统一灌水水平,黄河水灌溉(矿化度为 0.608 g/L),整个生育期灌溉 3 次,每次 135 mm,采用汽油泵从渠道中定量抽取黄河水。有秸秆深埋的处理(SM 和 BFSM 处理),在 2016 年秋浇前进行深翻,人工均匀铺设 5 cm 厚玉米秸秆,后整平压实;有秸秆表覆的处理(BF 和 BFSM 处理),在机械播种后立即在无膜行间铺设玉米秸秆,厚度为 5 cm,并压实,防止被风或人为破坏。具体试验设计见表 2.6。

表 2.6　秸秆覆盖与翻耕深度耦合的试验设计

处理	耕作模式	施肥量	灌溉定额	各处理具体描述
CK	常规耕作覆膜种植	磷肥为磷酸二铵,以 P_2O_5 计,施磷量为 150 kg/hm^2;钾肥为氯化钾,以 K_2O 计,施钾量为 45 kg/hm^2;氮肥为尿素,以纯氮计,施氮量为 225 kg/hm^2,施肥时均应换算成肥料质量。磷肥、钾肥与 50% 氮肥作为基肥一次性施入,剩余氮肥在拔节期施入	夏玉米采用黄河水灌溉,灌溉水矿化度为 0.608 g/L;全生育期灌水 3 次,单次灌水定额采当地灌水 135 mm,用汽油泵从水渠道中定量抽取	常规耕作,无秸秆还田,秋收后清理干净耕地残余秸秆,秋浇前翻耕约 25 cm,第二年浅耙压实、覆膜种植
BF	覆膜种植秸秆表覆			秋收后清理残余秸秆,秋浇前翻耕约 25 cm,第二年机械浅耙压实、覆膜种植后在无膜行间表覆 5 cm 厚粉碎的夏玉米秸秆
SM	覆膜种植秸秆深埋			秋收后清理残余秸秆,秋浇前用深翻犁翻耕约 35 cm,人工铺设 5 cm 厚粉碎玉米秸秆,第二年浅耙压实、覆膜种植
BFSM	覆膜种植秸秆表覆与深埋			秋收后清理残余秸秆,深翻约 35 cm,人工铺设 5 cm 厚秸秆,第二年浅耙压实、覆膜种植后在无膜行间表覆 5 cm 厚夏玉米秸秆

整个试验用的秸秆来自上一年夏玉米收获后粉碎的秸秆，打捆备用，放在干燥阴凉的地方，防止潮湿发霉，夏玉米秸秆覆盖量（表覆或者深埋）为 7 500 kg/hm^2。供试的夏玉米品种为当地种植的常规品种（钧凯 918），机械播种，株距为 0.35 m，行距为 0.45 m，种植密度为 6 万株/hm^2。试验于 2017—2018 年连续开展两年，每年 5 月初播种，9 月末收获。秸秆深埋后形成土壤层依次命名为：耕作层（0～35 cm）、秸秆隔层（35～40 cm）、心土层（秸秆隔层以下土层）（图 2.7）。

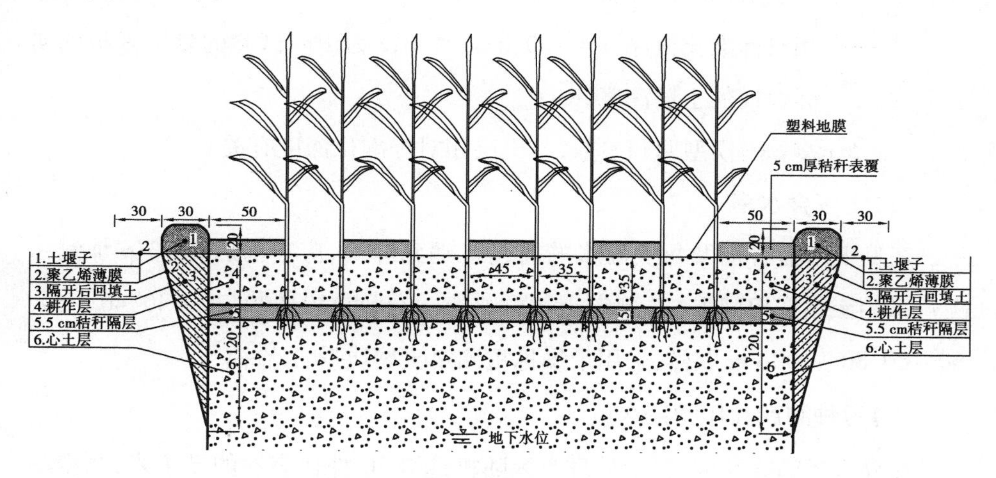

图 2.7 秸秆覆盖的示意图

2）样品采集与测定

（1）夏玉米根系生长指标及根长密度模型

夏玉米成熟期，在每个处理小区随机选取 3 株具有代表性植株，采用 Monolith 3D 空间取样法，收集夏玉米根样品。将取回的根样品采用根系扫描仪（型号 Epson Perfection 4870）进行扫描，并采用根系分析系统 Win RHIZO Program 分析根表面积、根长密度、根体积、根节点等根的相关数据。将取根样后的地上部夏玉米植株及清洗干净后的根样品经 105 ℃杀青，80 ℃烘干，至恒重后称其质量，测得地上部植株干物质及根样品的质量。

根长密度（Root Length Density，RLD）是土壤水分模型模拟中的一个重要参数,采用根长密度模型对不同耕作模式的夏玉米根长密度进行回归分析,得到回归参数估算值。Wu 等将作物根系入土的深度转为 0 ~ 1 的相对标准化根深,提出了归一化根长密度分布的概念。本研究根据试验的实际情况,采用 Wu 等提出的三阶多项式的模型,对田间试验中不同耕作模式下夏玉米成熟期的相对标准化取样深度 x 处的各土层根长密度进行拟合,即

$$y = ax^3 + bx^2 + cx + d \tag{2.1}$$

式中 y——各土层深度根长密度,cm/cm^3;

x——相对标准化根深,$x = z/60$,$0 \leqslant z \leqslant 60$,$z$ 为田间试验的夏玉米根的实际取样的土层深度,cm;

a,b,c,d——模型回归参数,与土层相对标准化深度有关。

(2)土壤含水率

在夏玉米播种前及每次灌水的前、后(遇到降雨,应在雨后 2 ~ 3 d 加测一次),采用土钻在田间取样,测定土壤含水率。分别在 0 ~ 20,20 ~ 40,40 ~ 60,60 ~ 80,80 ~ 100 cm 取样,采用干燥称重测定土壤质量含水率。

(3)考种测产及作物耗水量

在夏玉米的收获期,每个处理小区随机选取 10 株代表性的夏玉米,测定穗长、穗粗、穗粒数、百粒质量等指标。夏玉米籽粒干燥后,对其进行称量,并测算单位面积产量;在自然晾干后的夏玉米籽粒中随机选取 100 粒,3 个重复,分别称量,并将平均值作为夏玉米的百粒质量。

作物耗水量(Evaporation and Transpiration of Crop,ET)可计算为

$$\mathrm{ET} = P + I + W_g - D - R - \Delta W \tag{2.2}$$

式中 ET——作物耗水量,mm;

P——生育期降雨量,mm;

I——灌溉量,mm;

ΔW——夏玉米收获后与试验初期的土壤含水量的变化量,mm(具体计算公式详见式(2.3)—式(2.4));

W_g——地下水的补给量，mm（具体计算公式详见式(2.5)—式(2.9)）；

D——土壤水的渗漏量，由于本农业示范区地下水位较高，且腾发作用强烈，地下水的补给量远大于土壤水渗漏量，因此渗漏水量可忽略，故取 $D=0$；

R——降雨在地表产生的径流量，因农业示范区地势平坦，生育期降雨较少，无地表径流产生，故 R 可忽略，取 $R=0$。

土壤储水量可计算为

$$W = 10\sum_{i=1}^{n}\rho_i h_i \theta_i \tag{2.3}$$

式中 W——土壤储水量，mm；

θ_i——第 i 层土壤质量含水率，%；

h_i——第 i 层土层厚度，cm；

ρ_i——第 i 层土层容重，g/cm^3。

夏玉米收获后与试验初期的土壤含水量的变化量 ΔW 可计算为

$$\Delta W = W_{\text{Harvest}} - W_{\text{Initial}} \tag{2.4}$$

式中 W_{Harvest}，W_{Initial}——夏玉米收获后、试验初期土壤含水量，mm。

(4)地下水补给量 W_g

播种后，在每个处理小区埋设负压计，埋设深度分别为 90 cm 和 110 cm，每天早晚定时（早晨 7:00，下午 7:00）读取负压计读数，测土壤基质势，然后根据 V-G 模型测算土壤导水率。土壤非饱和导水率可计算为

$$K_h = K_s \frac{\left\{1 - |\alpha h|^{n-1}\left[1 + |\alpha h|^n\right]^{-m}\right\}^2}{\left[1 + |\alpha h|^n\right]^{\frac{m}{2}}} \tag{2.5}$$

式中 K_h，K_s——分别为土壤非饱和导水率、饱和导水率，cm/d；

α——与土壤进气吸力的相关参数，是进气值的倒数，cm^{-1}；

h——土壤基质势，cm；

n,m——均为形状系数。

土壤水分运移遵循质量守恒定律与达西定律,本研究采用定位通量法测算地下水补给量。土壤水分近似一维垂向流动的连续方程为

$$\frac{\partial\theta}{\partial t}=-\frac{\partial q}{\partial z} \tag{2.6}$$

对式(2.6)在 z^* 到 z 进行积分,并由质量守恒原理写出无源汇情况下的水量平衡方程,即

$$Q(z^*)-Q(z)=\int_{z^*}^{z}\theta(z,t_2)\mathrm{d}z-\int_{z^*}^{z}\theta(z,t_1)\mathrm{d}z \tag{2.7}$$

最后由达西定律可得 z^* 处的土壤水分通量,即

$$q(z^*)=-k_{z^*}\left[\frac{h_2-h_1}{\Delta z}+1\right] \tag{2.8}$$

式中 $z^*=(z_1+z_2)/2$,cm;

K_{z^*}——z^* 的非饱和导水率,cm/d;

$\Delta z=z_2-z_1$,cm;

z_1,z_2——负压计埋设的深度,本研究中分别取 $z_1=110$ cm,$z_2=90$ cm;

h_1,h_2——两点的负压计读数,cm。

由此可得出,单位面积在 t_1 至 t_2 时段内流过的土壤水量 $Q(z^*)$,任一 z 断面的相应水量 $Q(z)$ 为

$$Q(z)=Q(z^*)+\int_{z}^{z^*}\theta(z,t_2)\mathrm{d}z-\int_{z}^{z^*}\theta(z,t_1)\mathrm{d}z \tag{2.9}$$

(5)水分利用效率

水分利用效率(Water Use Efficiency,WUE)可计算为

$$\mathrm{WUE}=\frac{Y}{ET} \tag{2.10}$$

式中 WUE——水分利用效率,kg/(hm^2·mm);

Y——玉米产量,kg/hm^2。

2.2.2 秸秆覆盖-灌水量耦合下夏玉米灌水制度优化试验

1)试验设计

秸秆覆盖-灌溉耦合试验采用2因素裂区设计：秸秆覆盖（秸秆表覆处理B和秸秆深埋处理S）；灌水量设4个水平，分别为单次灌水量60 mm（W1处理）、90 mm（W2处理）、120 mm（W3处理）及135 mm（W4处理）。以当地常规耕作（无秸秆覆盖或深埋，单次灌水量135 mm）为对照（CK处理），共9个处理，3次重复，随机区组排列。各试验小区间设2 m宽保护带，小区四周采用聚乙烯塑料薄膜隔开，薄膜埋深1.2 m，且顶部预留30 cm，防止水肥互窜，田间管理与当地农户管理一致。试验用的秸秆来自上一年夏玉米收获后粉碎的秸秆，打捆备用，夏玉米秸秆覆盖量（表覆或深埋）为7 500 kg/hm^2。供试的夏玉米品种为当地种植的常规品种（钧凯918），机械播种，株距为0.35 m，行距为0.45 m，种植密度为6万株/hm^2。每年5月初播种，9月末收获。具体试验处理详见表2.7。

表2.7 秸秆覆盖-灌水量耦合试验设计

处理	秸秆覆盖方式	灌水量/mm	施肥量	灌水水质
CK	当地耕作模式，无秸秆（对照）	135	磷肥为磷酸二铵，以P_2O_5计，施磷量为150 kg/hm^2；钾肥为氯化钾，以K_2O计，施钾量为45 kg/hm^2；氮肥为尿素，以纯氮计，施氮量为225 kg/hm^2，施肥时均应换算成肥料质量。磷肥、钾肥与50%氮肥作为基肥一次性施入，剩余氮肥在拔节期施入	夏玉米生育期采用黄河水灌溉，灌溉水矿化度为0.608 g/L；全生育期灌水3次，用汽油泵从水渠道中定量抽取
BW1	秸秆表覆（B处理）：秋收后清理残余秸秆，翻耕25 cm，第二年机械浅耙、压实、辊磨覆膜种植后，膜间表覆5 cm厚粉碎的玉米秸秆	60		
BW2		90		
BW3		120		
BW4		135		
SW1	秸秆深埋（S处理）：秋收后清理残余秸秆，并在秋浇前用深翻犁深翻约35 cm，人工铺设埋设5 cm厚粉碎的玉米秸秆，第二年机械浅耙、压实、辊磨覆膜种植夏玉米	60		
SW2		90		
SW3		120		
SW4		135		

2)样品采集与测定

(1)土壤含水率及含盐量

土壤含水率的测定同秸秆覆盖下夏玉米耕作模式优选试验。

土壤含盐量测定:在夏玉米播种前和每次灌水前、后(遇到降雨在雨后 2 ~ 3 d 加测一次),采用土钻分别在 0 ~ 20,20 ~ 40,40 ~ 60,60 ~ 80,80 ~ 100 cm 取样。将各小区相应土层土样混合形成测盐土样,经自然风干、磨碎、过筛,配制土水质量比为 1∶5的土壤浸提液,采用上海雷磁(型号 DDS-307)电导率仪测定各层土壤浸提液的电导率。

土壤浸提液的电导率 Ec 值与试验区土壤的含盐量间关系比较复杂,本研究采用数理统计的方法,分析试验区 105 个土样(剔除 3 个突变样品)实测的土壤含盐量与土壤浸提液 $Ec_{1:5}$ 值间数理关系(图 2.8)得到统计公式,即

$$S_i = 2.599\,1 Ec_{1:5,i} + 0.468\,2, \qquad R^2 = 0.987 \tag{2.11}$$

式中 S_i——第 i 层土壤含盐量,g/kg;

$Ec_{1:5,i}$——土水质量比为 1∶5的第 i 层土壤浸提液的电导率,mS/cm。

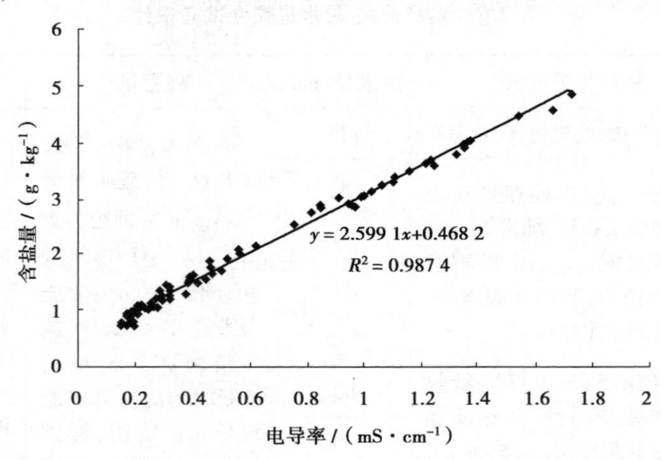

图 2.8 实测的 EC 值与土壤盐分含量的关系

(2)夏玉米考种测产及水分利用效率

夏玉米考种测产及水分利用效率同 2.2.1 小节。

2.2.3 秸秆覆盖-施氮耦合下夏玉米施氮制度优化试验

1)试验设计

秸秆覆盖-施氮耦合试验采用2因素裂区设计:秸秆覆盖的方式(秸秆表覆处理B和秸秆深埋处理S);施氮量设4个水平,分别为不施氮(N0处理)、低施氮水平135 kg/hm^2(N1处理)、中施氮水平180 kg/hm^2(N2处理)及当地常规施氮水平225 kg/hm^2(N3处理,施氮量水平按纯N计算,氮肥采用尿素,氮质量分数46%,在施用时需换算成尿素的质量);以当地常规耕作(无秸秆覆盖或深埋,施氮量为225 kg/hm^2)为对照(CK处理),共9个处理,3次重复,随机区组排列。各试验小区间设2~3 m宽保护带,小区四周采用聚乙烯塑料薄膜隔开,薄膜埋深1.2 m,且顶部预留30 cm,防止水肥互窜,田间管理与当地农户管理一致。

2018年灌水定额采用2017年试验(见2.2.2小节)秸秆覆盖-灌水量耦合试验初步得到的试验田尺度较优灌水量90 mm,2019年在2年试验基础上,基于递进水盐嵌入神经网络模型模拟进一步优化秸秆覆盖灌水量为89.3~96.8 mm,故综合考虑后,本试验选取秸秆覆盖-灌溉耦合试验优化的灌水量90 mm,全生育期灌溉3次,用汽油泵从渠道中定量抽取。

磷肥和钾肥使用量同2.2.1小节,均为当地常规用量。按照当地习惯喷药,喷药时间是在夏玉米第1次灌水后3~5 d(农田里人可进入即可),分别在各小区进行均匀喷施除草剂。除草剂选用大连松辽化工有限责任公司生产的38%莠去津(Atrazine,AT)悬浮剂,施药剂量为当地用药量2.25 kg/hm^2(以纯莠去津量计,喷药时需换算为成品农药的质量),用手持式的小喷雾器均匀地喷雾,喷药时须做好个人防护,避开有风天气,以免影响药效。试验所用秸秆来自上一年夏玉米收获后粉碎的秸秆,夏玉米秸秆覆盖量(表覆或深埋)为7 500 kg/hm^2,厚度5 cm。供试夏玉米品种为当地常规品种(钧凯918),机械播种,株距为0.35 m,行距为0.45 m,每年5月初播种,9月末收获。具体试验设计见表2.8。

表 2.8　秸秆覆盖与施氮量耦合的试验设计

<table>
<tr><th>处理</th><th>秸秆覆盖方式</th><th>施氮量/($kg \cdot hm^{-2}$)</th><th>钾肥和磷肥用量</th><th>灌溉定额</th></tr>
<tr><td>CK</td><td>当地耕作模式,无秸秆(对照)</td><td>常规施氮量 225</td><td rowspan="9">磷肥为磷酸二铵,施磷量按当地水平 150 kg/hm^2(以 P_2O_5 计);钾肥为氯化钾,施钾量按当地水平 45 kg/hm^2(以 K_2O 计),磷肥、钾肥与 50% 氮肥作为基肥一次性施入,剩余氮肥在拔节期施入</td><td rowspan="9">夏玉米生育期采用黄河水灌溉,灌溉水矿化度为 0.608 g/L;全生育期灌水 3 次,单次灌水定额采用优化的灌水定额 90 mm,用汽油泵从水渠道中定量抽取</td></tr>
<tr><td>BN0</td><td rowspan="4">秸秆表覆(B 处理):机械浅耙,覆膜种植后,膜间表覆 5 cm 厚粉碎的玉米秸秆</td><td>0(N0)</td></tr>
<tr><td>BN1</td><td>135(N1)</td></tr>
<tr><td>BN2</td><td>180(N2)</td></tr>
<tr><td>BN3</td><td>225(N3)</td></tr>
<tr><td>SN0</td><td rowspan="4">秸秆深埋(S 处理):上一年秋浇前用深翻犁深翻约 35 cm,人工铺设埋设 5 cm 厚粉碎的玉米秸秆,第二年机械浅耙、压实、辊磨覆膜种植夏玉米</td><td>0(N0)</td></tr>
<tr><td>SN1</td><td>135(N1)</td></tr>
<tr><td>SN2</td><td>180(N2)</td></tr>
<tr><td>SN3</td><td>225(N3)</td></tr>
</table>

2)样品采集与测定

(1)作物指标

收获期在各小区随机采集植株 5 株,进行考种,测夏玉米产量及产量各构成因素;穗粗、穗长用游标卡尺测定,测 5 次,取平均值;对收获的籽粒称重,随机选取 3 个重复,每个重复 100 粒,各自称量,计算夏玉米百粒重。秆、茎叶、籽粒分开采集,在烘箱中 105 ℃杀青 30 min 后,调至 80 ℃烘干至恒质量,称量地上部干物质质量,把样品粉碎过筛,通过 H_2SO_4-H_2O_2 消煮,用凯氏定氮法测定全氮含量。

(2)根样品采集

分别在夏玉米苗期、开花期、成熟期随机选取 3 株代表性植株,采集与分析方法同秸秆覆盖下夏玉米耕作模式优选试验。

(3)土壤养分采用与测定

在夏玉米拔节期、开花期、灌浆期、成熟期及收获后,用土钻在各小区按照 S 型 5 点取土法取样,采集 0 ~ 100 cm 土层土样,将取出土样相应的土层混合,测定土壤养分含量。每 20 cm 为一层，分别为 0 ~ 20，20 ~ 40，40 ~ 60，60 ~ 80，80 ~ 100 cm，共 5 层。依据《森林土壤水溶性盐分分析》（LY/T 1251—1999）和《森林土壤有机质的测定及碳氮比的计算》（LY/T 1237—1999）规定，采用 H_2SO_4 消煮-凯氏定氮法测定土壤全氮含量；采用 NaOH 熔融-钼锑抗比色法测定土壤全磷含量；采用重铬酸钾氧化-外加热法测量土壤有机质含量；采用碱解扩散法测定土壤碱解氮含量；采用 NH_4Ac 浸提-火焰光度计法测定土壤速效钾；采用 0.5 mol/L 的 $NaHCO_3$ 浸提-钼蓝比色法测定土壤有效磷。土壤 NO_3^--N 和 NH_4^+-N 含量采用紫外分光光度法测定，测量仪器是麦科仪（北京）科技有限公司生产的 TU1810PC 型紫外可见光分光光度计。

（4）水样采集与检测

试验小区紧临灌水渠道，受引黄来水的顶托作用，田间地下埋深平均为 1.8 m，夏玉米生育期灌溉时地下水埋深更浅，故本研究取 2.5 m 深处地下水中的氮素，并将地下水中 NO_2^--N，NO_3^--N，NH_4^+-N 含量作为作物-土壤生态系统中渗漏进入地下水中氮素的含量。播种后，在各处理小区埋设自制的渗漏采样管，埋设的深度为 4 m，静止 24 h 后取地下水质基础水样，随后在抽雄期和收获后取地下水样，测定地下水中 NO_2^--N，NO_3^--N，NH_4^+-N 的含量。采集水样后，立即送往实验室分析与测定各形态氮素含量。根据《食品安全国家标准　饮用天然矿泉水检验方法》（GB/T 8538—2022），采用紫外分光光度法测定水样的 NO_3^--N 浓度；采用纳氏试剂分光光度法测定 NH_4^+-N 浓度；采用重氮偶合比色法测定 NO_2^--N 浓度。

本研究采用模糊综合评价数学模型对地下水质氮素污染的风险进行评价，并选取各试验小区地下水环境典型污染物 NO_3^--N，NH_4^+-N，NO_2^--N 作为评价指标，因素集 $U=\{NO_2^-\text{-N},NO_3^-\text{-N},NH_4^+\text{-N}\}$，评判集 $V=\{\text{Ⅰ},\text{Ⅱ},\text{Ⅲ},\text{Ⅳ},\text{Ⅴ}\}$。各氮素污染指标物对地下水质污染的贡献程度，不仅与氮素污染指标物实测浓度有关，而且与地下水质分类中其他的污染指标物允许的浓度标准值有关。实测的同一因素的允许浓度标准值越大，该因素对地下水质污染程度越小。因此，采

用各因素指标权证值衡量，指标权重值 ω_i 可计算为

$$\omega_i = \frac{\frac{c_i}{S_i}}{\sum_{i=1}^{3} \frac{c_i}{S_i}} \tag{2.12}$$

式中 ω_i——各因素指标权重值；

c_i——地下水第 i 种污染物实测浓度，mg/L；

S_i——第 i 种元素某种用途水浓度标准，mg/L。

各因素在地下水质中 5 个类别评判标准值参考《地下水质量标准》(GB/T 14848—2017)，见表 2.9。

表 2.9　地下水质分类评判标准值

水质类别	Ⅰ	Ⅱ	Ⅲ	Ⅳ	Ⅴ
NO_2^--N	≤0.01	≤0.10	≤1.00	≤4.80	> 4.80
NO_3^--N	≤2.0	≤5.0	≤20.0	≤30.0	> 30.0
NH_4^+-N	≤0.02	≤0.01	≤0.5	≤1.5	> 1.5

(5)氮利用效率的计算

氮肥偏生产力(Partial Factor Productivity from Applied Nitrogen，PFPN，kg/kg)是指在农业生产中，投入单位量的氮肥所能得到的作物籽粒的质量，即

$$\mathrm{PFPN} = \frac{Y}{F} \tag{2.13}$$

式中 Y——施氮肥的作物产量，kg/hm^2，下同；

F——氮肥的投入量，kg/hm^2，下同。

氮肥农学效率(Agronomic Efficiency of Applied Nitrogen，AEN，kg/kg)是指在农业生产中，投入单位量的氮肥，能增加的作物籽粒的质量，即

$$\mathrm{AEN} = \frac{Y - Y_0}{F} \tag{2.14}$$

式中 Y_0——不施氮肥的作物产量,kg/hm²。

氮肥利用率(Apparent Recovery Efficiency of Applied Nitrogen,REN,%)也称氮肥回收率,是作物生育期吸收的氮素来自投入氮肥的部分占投入氮肥量的比例,即

$$\mathrm{REN} = \frac{U - U_0}{F} \tag{2.15}$$

式中 U——施氮作物收获时地上部植株总吸氮量,kg/hm²,下同;

U_0——未施氮作物收获时地上部植株总吸氮量,kg/hm²。

氮肥收获指数(Harvest Index of Applied Nitrogen,HIN)反映作物地上部植株中氮素在作物籽粒中的分配情况,则

$$\mathrm{HIN} = \frac{U_1}{U} \tag{2.16}$$

式中 U_1——作物收获后籽粒中氮素的累积量,kg/hm²。

(6)氮素吸收运移指标

参考文献建立计算公式为

$$M_{\mathrm{N}} = D\rho \tag{2.17}$$

$$\mathrm{NTE} = \frac{M_{\mathrm{FN}} - M_{\mathrm{MN}}}{M_{\mathrm{FN}}} \times 100\% \tag{2.18}$$

$$\mathrm{NTP} = \frac{M_{\mathrm{FN}} - M_{\mathrm{MN}}}{M_{\mathrm{FNG}}} \times 100\% \tag{2.19}$$

式中 M_{N}——植株各器官氮素累积量,g/株;

D——植株各器官干物质质量,g/株;

ρ——植株各器官氮素质量分数,g/kg;

NTE——氮素转运效率(Nitrogen Translocation Efficiency),反映灌浆期氮素转运变化的指标,%;

M_{FN}——开花期某器官全氮积累量,g/株;

M_{MN}——成熟期各器官全氮累积量,g/株;

NTP——植株各器官氮素转运量对籽粒的贡献率(Nitrogen Translocation to Proportion for Grain),反映各器官氮素转运量对提高籽粒产量贡献的指标,%;

M_{FNG}——成熟期籽粒的全氮累积量,g/株。

(7)土壤氮素含量的计算

土壤氮素含量的计算采用等质量法,可计算为

$$M_{TN} = \sum_{i=1}^{5} \frac{\rho_i h_i m_i}{10} \tag{2.20}$$

式中 M_{TN}——等质量土壤氮素含量,kg/hm^2;

ρ_i——第 i 土层的土壤容重,g/cm^3;

h_i——第 i 层的土层厚度,cm;

m_i——第 i 层的土壤氮素的实测含量,mg/kg。

夏玉米生育期内土壤氮素累积损失量可计算为

$$\Delta M_{TN} = M_{TNM} - M_{TNJ} \tag{2.21}$$

式中 M_{TNM},M_{TNJ}——夏玉米成熟期和拔节期的土层氮素累积量,kg/hm^2。

(8)土壤莠去津残留测定

土壤样品采集:按照《农药残留试验准则》(NY/T 788—2004),在农药喷施后1 h分别将各小区0~5 cm土壤样品的莠去津含量作为各处理的初始沉降浓度;然后分别在施药后1,3,7,21,30,45,90,120 d随机采集0~20 cm和20~40 cm土壤样品,每个小区不少于10个点,土样质量不少于2 kg。

试验仪器及材料:高效液相色谱仪(美国PerkinElmer公司生产,型号Altus A10)、超声机(宁波新芝生物科技股份有限公司生产,型号SB-300DTY)、低速离心机(安徽中科中佳科学仪器有限公司生产,型号SC-3612)、涡旋混合器(型号IKA MS3 digital)、旋转蒸发器(Greatwall);100 mL离心管、250 mL分液漏斗、浓缩瓶、万分之一天平等实验室常规仪器。

高效液相色谱条件:色谱柱为C18 (5 μm,长250 mm,内径4.6 mm),采用体积比甲醇:水=70:30作为流动相,流速为1.0 mL/min,柱温采用常温40 ℃;

紫外检测器,检测波长为225 nm,自动进样,进样体积为10 μL。在该色谱条件下,莠去津的保留时间为4.9 min,标准品添加回收率为92.6% ~106.5%,检出限为0.02 mg/kg。以莠去津标样溶液进样浓度(mg/L)为横坐标,峰面积为纵坐标绘制标样标准曲线(图2.9),线性回归方程为

$$y = 120\,071x - 251.14, \qquad R^2 = 0.999 \tag{2.22}$$

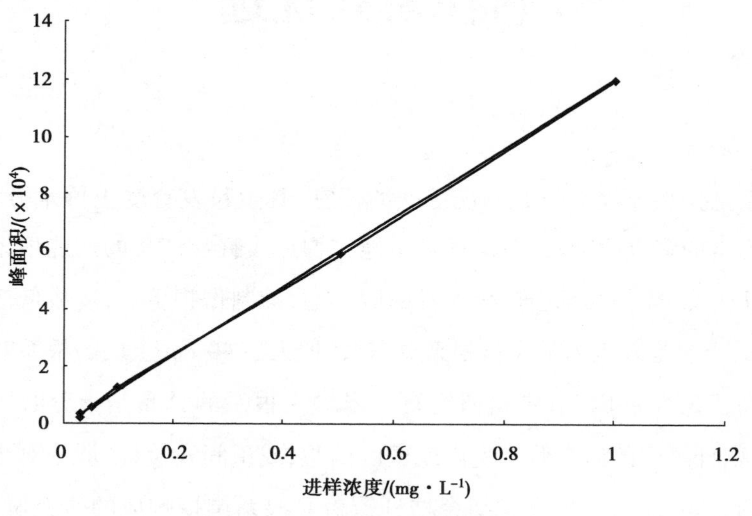

图2.9　莠去津标液的标准曲线

检测步骤:首先称取5.0(±0.001)g样品,于100 mL离心管中,加入50 mL提取液,超声提取30 min,经过4 000 r/min的离心机离心5 min,取上清液,重复此步骤,提取3次,合并上清液,35 ℃旋转蒸发至35 mL左右;然后采用二氯甲烷和石油醚(体积比35∶65)混合液萃取3次,收集有机相,用无水硫酸钠过滤到旋转蒸发瓶中;35 ℃旋转至进干,用甲醇定容至2.0 mL,过0.45 μm滤膜,上机,采用高效液相色谱仪测定莠去津残留量。

2.2.4　数据统计与分析

试验数据采用Excel 2010处理,应用SPSS 20.0进行数据分析,采用最小显著差异法(Least Significant Difference,LSD)进行显著性检验(α=0.05),并用Surfer 13.0软件进行网格化处理,制作等值线图。

3　秸秆覆盖与耕作方式耦合下夏玉米耕作模式优选

根系是作物吸收水分养分最活跃的器官,其生长发育受土壤水分、耕作层容重等因素的多重影响,而深层根是旱地作物形成籽粒产量的功能根系。当作物根冠比失衡,作物根部会产生大量的脱落酸,抑制作物生长,造成低产。虽然0～40 cm土层是夏玉米的主体根系分布层,但大于40 cm土层的根系对产量的贡献率高达37%。因此,定量研究夏玉米深层根系的分布是十分必要的。目前,关于秸秆还田的研究侧重室内或微区试验,或田间表覆、浅埋等对土壤和作物产生的影响,而从耕作方式结合秸秆覆盖对根系调控响应的研究鲜见报道,特别是定量分析深层根系(大于40 cm)分布及其对作物产量、水分利用效率等方面的影响也少见报道。本章以此为切入点,在河套灌区开展不同翻耕深度与秸秆覆盖方式的田间试验,基于不同耕作模式对夏玉米根系调控的角度,分析夏玉米性状形态及产量的响应,为优选的秸秆覆盖耕作模式在灌区推广应用以及作物节水增产提供依据和参考。

3.1　不同耕作模式对夏玉米根系分布的影响

3.1.1　夏玉米根系在垂直方向上的分布特征

根长密度(Root Length Density,RLD)是反映作物的根系在空间分布变化的重要参数，也是反映作物吸收养分和水分能力的重要指标。不同耕作模式下夏玉米成熟期 RLD 在土壤剖面上的空间分布如图 3.1、图 3.2 所示。在分析 RLD 的空间分布时，本章规定以 1 cm/cm^3 为根长密度分界线，不小于 1 cm/cm^3 是根长密度的密集区，小于 1 cm/cm^3 是根长密度的分散区。分析图 3.1 和图 3.2 可知，在垂直方向上，夏玉米根系主要集中分布在 0 ~ 40 cm 土层，并且随着土层深度的增加，RLD 快速递减，在大于 60 cm 的土层根系已较少。CK 和 BF 处理在大于 35 cm 土层的 RLD 仅占 0 ~ 60 cm 土层 RLD 总数的 5.6%，而 SM 和 BFSM 处理在大于 35 cm 土层 RLD 达到 26.0%，并且入土深度在 60 cm 以下的分散区的根系提高 6.2%，二者差异不显著（$p>0.05$）。

从年际间分析，2017 年各处理的 RLD 密集区深度的分布范围为 23.5 ~ 27.3 cm，由于 2018 年降雨较充沛，各处理的 RLD 密集区深度分布范围为 24.4 ~ 30.5 cm，2018 年同一处理的根系平均密集区深度较 2017 年提高 3.8% ~ 11.7%；BF，SM，BFSM 处理的 RLD 密集区的深度平均值较 CK 处理提高 2.1%，23.8%，24.7%，CK 与 BF 处理 RLD 的密集区差异不显著（$p>0.05$）。这说明深翻结合秸秆深埋的耕作模式可以显著提高夏玉米 RLD 的密集区和分散区的深度，有利于促进夏玉米深层根系在垂直方向上的分布，形成“深扎”型根系。

3.1.2 夏玉米根系在水平方向上的分布特征

分析图 3.1 和图 3.2 可知，在水平方向上，夏玉米的水平根系密集区主要分布在以夏玉米植株为中心，半径 12.0 ~ 17.5 cm 的圆周围，随着远离夏玉米植株，根系的 RLD 分布逐渐减少。2017 年各处理的 RLD 密集区的水平宽度为 25.5 ~ 32.5 cm，2018 年 RLD 密集区的水平宽度为 26.7 ~ 34.9 cm，2018 年各处理根系平均密集区的水平宽度较 2017 年提高 4.7% ~ 7.4%；BF，SM，BFSM 处理的 RLD 密集区宽度平均较 CK 处理提高 24.7%，3.5%，29.1%，CK 和 SM 处理的 RLD 水平方向的密集区的宽度差异不显著（$p>0.05$），而 BF 和 BFSM 处理较 CK 和 SM 处理在水平方向的密集区的宽度显著提高($p<0.05$)。试验结果说明,秸秆表覆耕作模式有利于促进夏玉米根系在水平方向的分布,增加了表土层的 RLD,形成“宽浅”型根系。

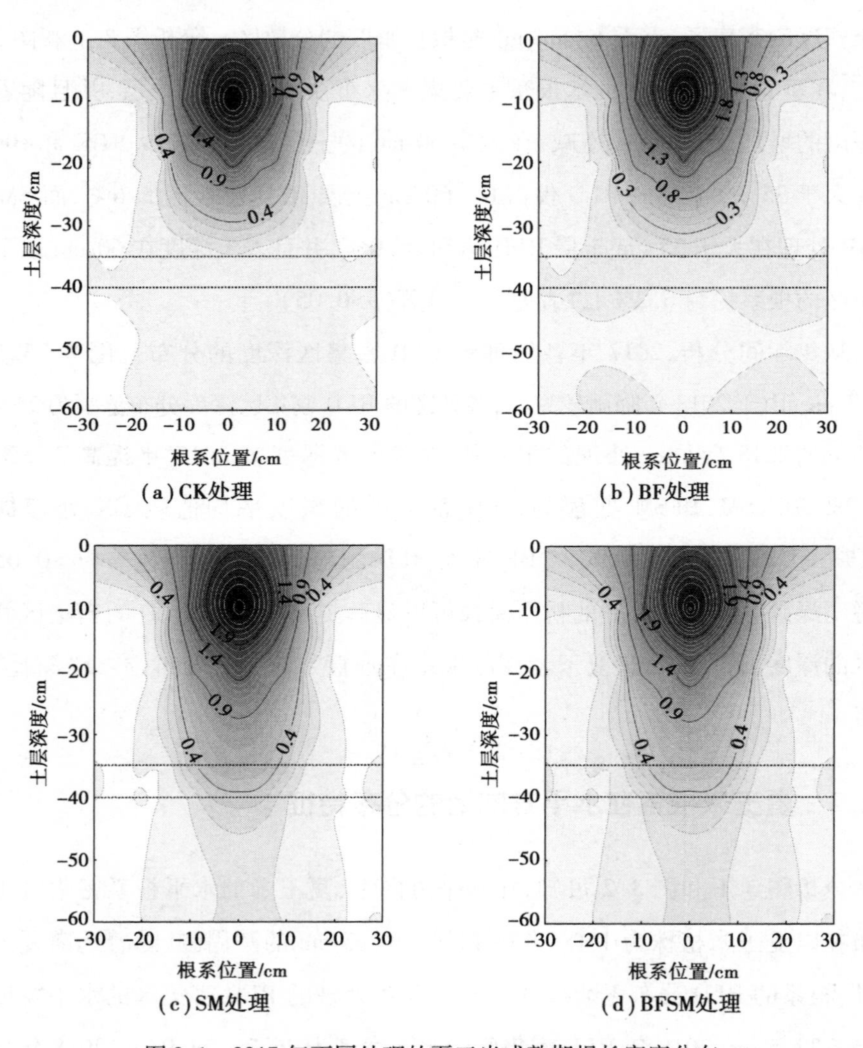

图 3.1　2017 年不同处理的夏玉米成熟期根长密度分布

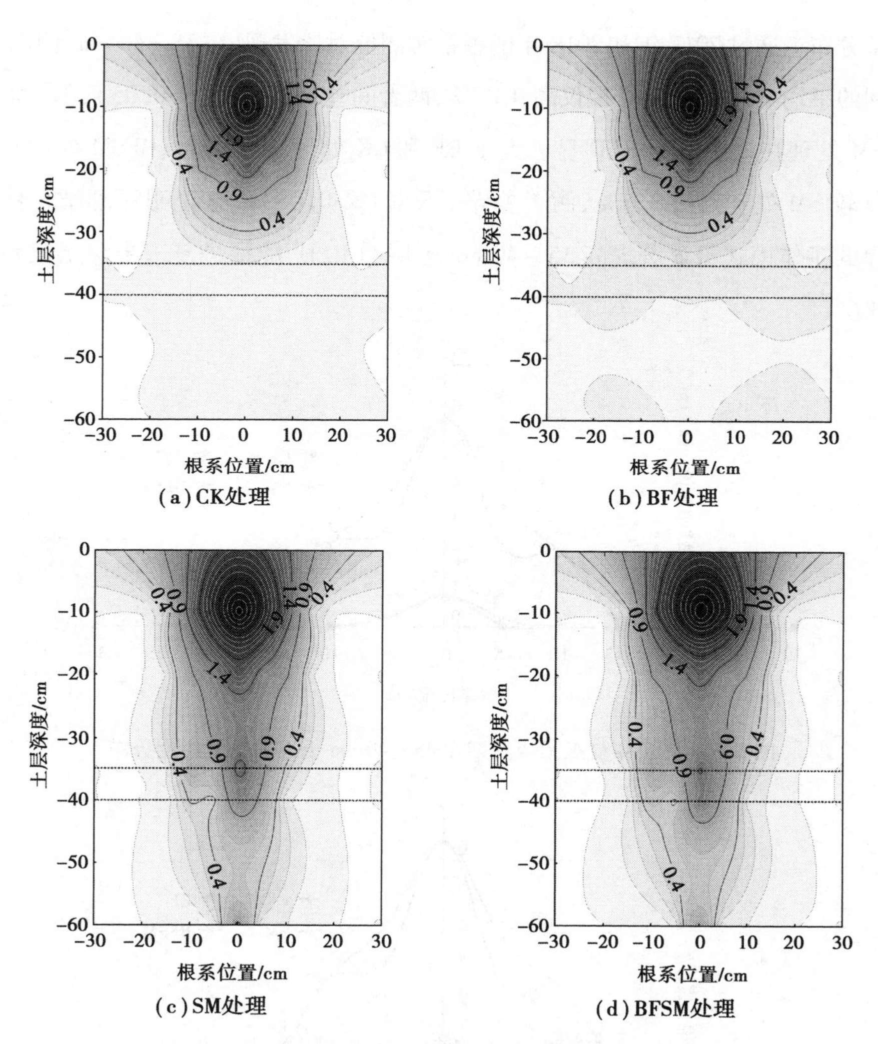

图 3.2　2018 年不同处理的夏玉米成熟期根长密度分布

为了进一步分析不同秸秆覆盖方式对深层根系的影响,将埋设秸秆隔层及相应土层处的 RLD 单独成图。图 3.3、图 3.4 所示为不同耕作模式在夏玉米成熟期的 35 ~ 40 cm 土层的 RLD 空间分布规律,并在 RLD 等值线图 3.1 和图 3.2 中将相应土层的 RLD 等值线用虚线表示。各处理在 35 ~ 40 cm 土层的 RLD 分布的趋势基本一致,水平方向上,夏玉米根系近似“正态”分布,在植株的正下方分布密度最大,远离植株逐渐减小,在大于 15 cm 的水平范围外的土层基本上无根系分布。通过2017年和2018年的根系实测值对比发现,在35～40 cm土层,BF处理的平均RLD较CK处理仅高0.85%,两者间差异不显著($p>0.05$),但SM和BFSM处理在该土层的RLD显著大于BF和CK处理($p<0.05$);BFSM处理平均RLD较SM处理提高3.5%,两者差异不显著($p>0.05$)。这说明深翻结合秸秆深埋的耕作模式可显著提高35～40 cm土层的RLD,能促进夏玉米深层根系的生长。

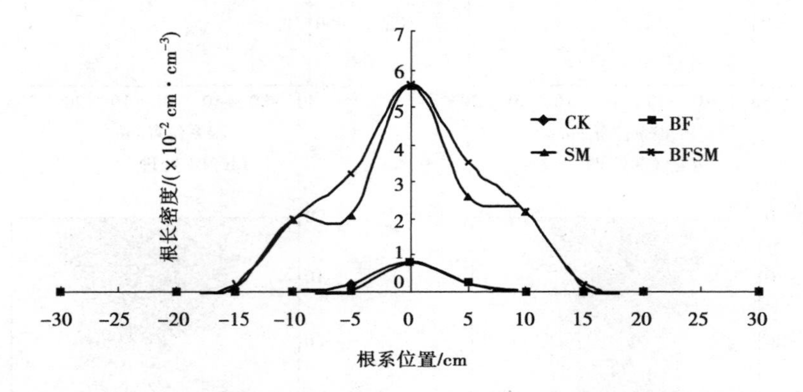

图3.3　2017年夏玉米成熟期在35～40 cm土层的根长密度分布

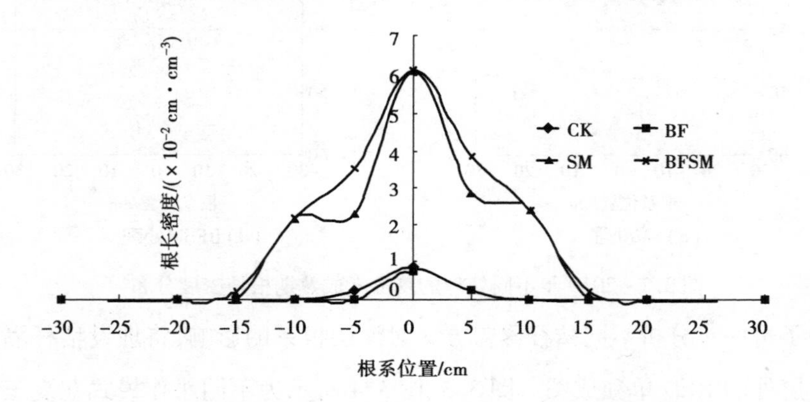

图3.4　2018年夏玉米成熟期在35～40 cm土层的根长密度分布

3.2 不同耕作模式的夏玉米根长密度分布模型

3.2.1 夏玉米根长密度分布模型的建立

为更好地分析夏玉米根系的空间分布特征，采用 SPSS20.0 软件将夏玉米根长密度 RLD(y)值与相对标准化的根系下扎深度(x)进行非线性回归分析，从而建立 RLD(y)与相对标准化的根系下扎深度(x)间的分布模型，得到 2017 年不同耕作模式的 RLD 拟合函数模型，见表 3.1。分析表 3.1 可知，2017 年各处理夏玉米 RLD(y)与相对标准化的根系下扎深度(x)具有较高拟合度的三次函数关系。随根系下扎相对深度的增加，夏玉米 RLD 逐渐降低，降幅逐渐减小。用 2018 年实测数据对模型进行了验证，并采用决定系数(Decision Coefficient, R^2)、均方根误差(Root Mean Square Error, RMSE)、标准化均方根误差(Normalized Root Mean Square Error, n-RMSE)以及 RLD 的实测值与模拟值间的 1:1直方图进行模型评价，结果如图 3.5 所示。2018 年不同耕作模式下根系的 RLD 模拟值与实测值的 n-RMSE 分别为 20%，16%，14%，14%，模型模拟达到较高水平；决定系数 R^2 均大于 0.963，说明模拟值与实测值相关程度好，能较好地描述不同耕作模式下夏玉米 RLD 分布。

表 3.1 2017 年不同处理下夏玉米成熟期的根长密度拟合函数

处理	拟合函数	决定系数 R^2
CK	$y=-20.749x^3+46.455x^2-34.687x+8.877$	$R^2=0.962$
BF	$y=-24.212x^3+52.902x^2-38.374x+9.508$	$R^2=0.969$
SM	$y=-20.069x^3+45.039x^2-34.165x+9.050$	$R^2=0.955$
BFSM	$y=-23.452x^3+51.643x^2-38.073x+9.716$	$R^2=0.956$

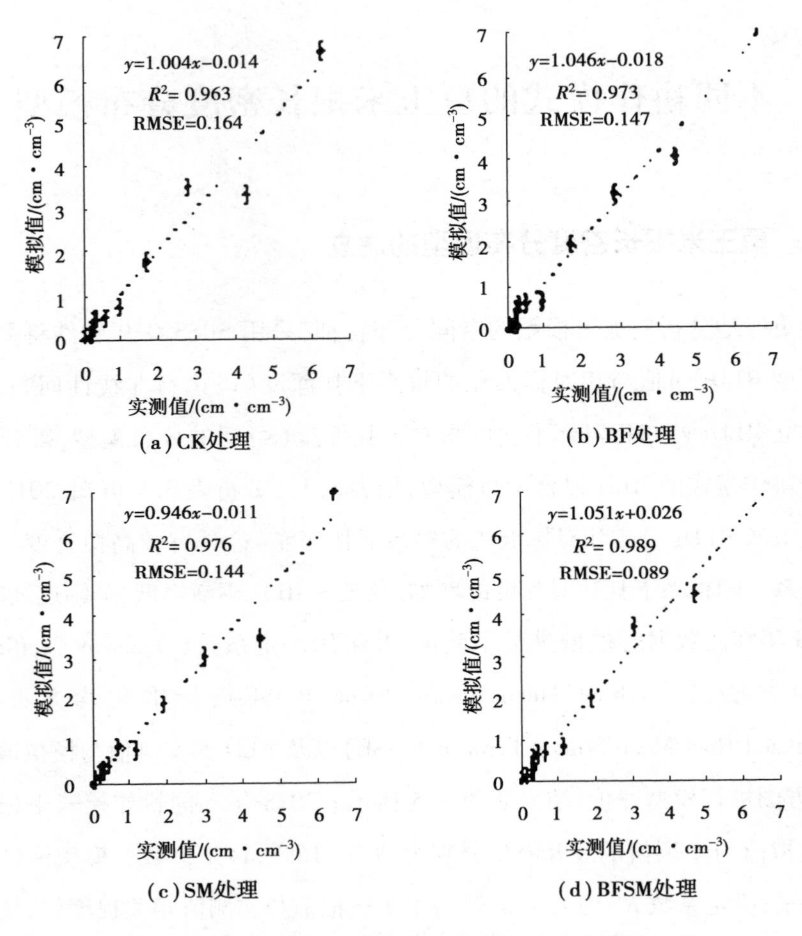

图 3.5　2018 年各处理根长密度的模拟值与实测值比较

3.2.2　夏玉米根长密度分布模型的应用

1）估算土壤剖面根长密度分布

不同耕作模式下，任一夏玉米根系取样深度和夏玉米的根系最大下扎深度（二者比值即相对标准化的根系下扎深度 x）时，就可根据表 3.1 的函数关系式得到不同耕作模式下土壤剖面任一土壤层的根长密度值。采用表 3.1 模拟不同耕作模式下土壤剖面不同深度的根长密度分布，如图 3.6 所示。

由图3.6可知,各耕作模式下,夏玉米根长密度随土层深度加深锐减,根长密度大于0.8 cm/cm^3 的密集区主要集中在20 cm以上的土层,BF处理在大于50 cm的土层基本上没有根系分布,CK和BFSM处理根系可延伸到65 cm以下,说明秸秆表覆对提高表层根系效果显著,而SM处理的密集区延伸到40 cm以下的土层,并且在60 cm土层仍有根系分布,下扎深度较大,说明秸秆深埋有效提高深层根长密度,这对作物吸收深层土壤水肥是十分有利的。

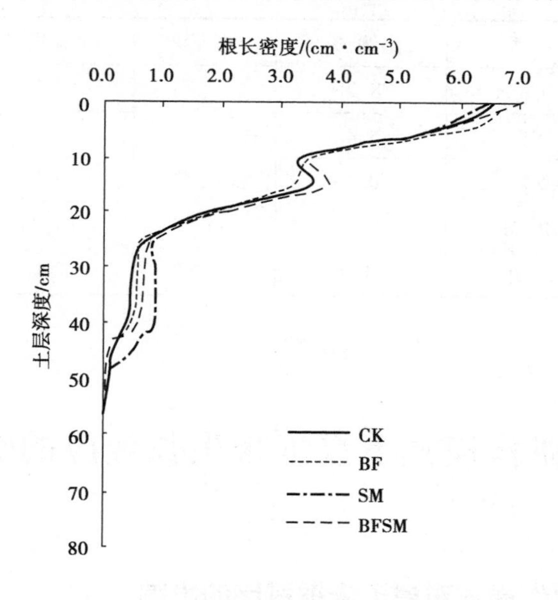

图3.6　不同处理根长密度的模拟分布图

2)估算根系分布比例

估算各耕作模式的根长密度分布比例,能清晰确定夏玉米根系主要的分布土层。采用各耕作模式根长密度分布模型(表3.1)估算地表至任一取样深度以上的根长密度及其所占的比例,结果见表3.2。可知,不同耕作模式下夏玉米根系主要分布在上层土壤,占比平均为77.4%,地表至相对标准化的根系下扎深度1/3处分布的根长密度占总根长密度的70.3%~86.4%,其中BF处理占比较其他显著高;除SM处理,地表至相对标准化的根系下扎深度2/3处分布占比高达96.6%,说明常规耕作和秸秆表覆耕作的根系绝大部分分布在相对下扎深度2/3以上土层，而SM处理在相对下扎深度2/3以下土层仍有近10.6%的根系，即深层根系，说明秸秆深埋对提高深层根系效果显著，这与图3.2田间试验实测的结果一致，也为3.3节夏玉米产量及其要素分析提供理论依据。因此，采用相对标准化的根系下扎深度根长密度模型，能明晰不同耕作模式在不同土层根长占比，有利于秸秆深埋还田在农业生产中的应用。

表3.2 估算不同耕作模式下夏玉米的根长分配比例

位置	处理	比例/%	位置	处理	比例/%
$x=1/3$	CK	78.2b	$x=2/3$	CK	96.6a
	BF	86.4a		BF	98.8a
	SM	70.3c		SM	89.4b
	BFSM	74.5bc		BFSM	97.6a
	均值	77.4		均值	94.85

3.3 不同耕作模式下夏玉米生长效应的响应

3.3.1 不同耕作模式对夏玉米根冠比的影响

通过作物根系产生的信号反馈到地上部植株，进而调控作物生长，适宜的作物根系生长环境对形成良好的根冠关系具有积极的意义，并且根冠比（Root-Shoot Ratio，*R/S*）是作物的根冠关系具体量化体现的一种直接表现形式。根冠比（*R/S*）随着作物的生长环境、农业生产的耕作方式等的不同而存在一定的差异，从而对作物根系及地上部植株生物量的分配产生影响。各处理的根干重及*R/S*变化情况见表3.3。

表 3.3 成熟期各处理夏玉米根干重及根冠比

处理	2017 年		2018 年	
	根干重/g	根冠比	根干重/g	根冠比
CK	12.25±0.61c	0.027±0.001b	15.31±0.76b	0.028±0.001b
BF	15.24±0.76b	0.027±0.001b	16.23±0.80b	0.028±0.001b
SM	18.09±0.90a	0.031±0.002a	18.52±0.92a	0.033±0.002a
BFSM	18.42±0.92a	0.033±0.002a	19.23±0.96a	0.034±0.002a

由表 3.3 可知,SM 和 BFSM 处理间的根干重及 *R/S* 无显著差异($p>0.05$),但较 CK 和 BF 处理显著提高($p<0.05$);BF,SM 和 BFSM 处理的根干重较 CK 处理平均分别提高 14.2%,32.8%,36.6%,*R/S* 平均分别提高 3.8%,20.8%,26.4%。2018 年 CK 和 BF 处理的根干重较 2017 年分别提高 25% 和 6.5%($p<0.05$),但 SM 和 BFSM 处理间的根干重差异不显著($p>0.05$);2018 年 SM 处理的 *R/S* 较 2017 年提高 6.5%($p<0.05$),但 CK,BF,BFSM 处理间的 *R/S* 差异不显著。这说明深翻结合秸秆深埋耕作模式和充沛的降雨可显著提高 *R/S*($p<0.05$),形成良好根冠关系。

3.3.2 不同耕作模式对夏玉米产量及水分利用效率的影响

夏玉米的产量及其相关的构成要素、水分利用效率(WUE)等指标是不同秸秆覆盖与翻耕方式对土壤水分吸收、利用及夏玉米的生长调控效应影响的最终直接体现。不同耕作模式对夏玉米产量、WUE 等指标的影响变化见表 3.4。

分析表 3.4 可知,2017 年 CK 和 BF 处理的穗长、百粒重的差异不显著($p>0.05$),较 SM 和 BFSM 处理的穗长、百粒重显著降低($p<0.05$);BF,SM,BFSM 处理间的穗粒数差异不显著,但均较 CK 处理显著提高($p<0.05$);SM 和 BFSM 处理间的产量差异不显著($p>0.05$),但均较 CK 和 BF 处理显著提高;BF,SM,BFSM 处理的产量较 CK 处理分别提高 5.5%,19.1%,19.1%($p<0.05$);2018

年 SM 和 BFSM 处理的穗长、穗粒数差异不显著，百粒重、产量无显著差异，但二者较 CK 和 BF 处理显著提高($p<0.05$)，BF，SM，BFSM 处理的产量较 CK 处理分别显著提高 11.6%，19.9%，20.3%($p<0.05$)。

另外，从夏玉米耗水量和 WUE 的角度分析，SM 和 BFSM 处理显著降低了夏玉米耗水量、提高了水分利用效率，差异不显著($p>0.05$)。BF，SM，BFSM 处理的夏玉米耗水量较 CK 处理平均降低 4.5%，10.8%，11.2%($p<0.05$)，3 个处理较 CK 处理的水分利用效率平均提高 13.6%，32.9%，33.3%($p<0.05$)。

表 3.4 各处理对夏玉米产量、耗水量及水分利用效率的影响

年份	处理	穗长/cm	百粒重/g	穗粒数	产量/($kg \cdot hm^{-2}$)	耗水量/mm	水分利用效率/($kg \cdot hm^{-2} \cdot mm^{-1}$)
2017	CK	19.2b	25.9b	512.6b	5 800.7c	376.7a	15.4c
	BF	20.4b	27.1b	589.2a	6 119.1b	349.7ab	17.5b
	SM	23.4a	29.3a	633.7a	6 909.8a	343.8ab	20.1a
	BFSM	23.3a	28.9a	629.8a	6 906.7a	340.2b	20.3a
2018	CK	20.4c	24.8c	523.6c	5 971.7c	426.6a	14.0c
	BF	22.2b	27.4b	603.4b	6 661.9b	419.0a	15.9b
	SM	24.1a	30.96a	659.7ab	7 158.7a	380.8b	18.8a
	BFSM	23.4ab	30.52a	663.8a	7 184.4a	372.2b	19.3a

3.4 本章讨论与小结

3.4.1 讨论

通过田间试验结果对比分析发现，秸秆表覆处理可以显著提高夏玉米的水平方向根长密度密集区的范围($p<0.05$)，较 CK 处理平均提高了 26.9%；秸秆

深埋处理可以显著提高夏玉米的垂直方向根长密度密集区的下扎深($p<0.05$),较 CK 处理平均增加了 24.3%。由此说明,秸秆表覆能够促进根系在水平方向的分布,形成"浅宽"型根系分布;而秸秆深埋的农耕措施能够诱导夏玉米根系下扎深度,促进深层(大于 40 cm 土层)根系发育,形成"深扎"型的根系分布,这对夏玉米吸收、利用土壤水分和养分、提高夏玉米产量等具有积极的意义。

研究表明,通过建立的相对土壤深度 RLD 的分布模型可以较好地模拟小麦、棉花、向日葵等作物的根系生长,并在模拟土壤水盐运移等方面也取得显著的效果。本研究基于相对标准化的根系下扎深度,建立了根长密度分布模型,估算了根长密度分布及在各土层的比例。模拟结果表明,模型的拟合达到较高水平,能较好地描述不同耕作模式下相对土壤深层的根长密度的分布。不足之处在于,本研究仅从耕作模式进行拟合率定,且根系取样深度太浅,考虑变量单一,因此关于相对标准化根系下扎深度的 RLD 分布模型,可从夏玉米各生育期阶段、不同水肥处理、根系干重等方面深入研究。

作物根系的生长具有很强的避逆性,根系会朝着高水低盐的地方生长,且良好的水土环境能促进作物形成庞大的地下根系,提高根冠比(R/S)。本试验发现,秸秆深埋结合深翻的耕作模式可显著提高夏玉米深层的 RLD 和地上部植株的 R/S,且 SM 与 BFSM 处理间差异不显著($p<0.05$),说明秸秆深埋的耕作模式能促进夏玉米的深层根系的生长发育,有利于养分和水分的吸收,可较好地构建适宜根系生长的水土微环境,调控根系,释放积极的信号,促进更多地上干物质的形成,并向夏玉米的籽粒转移。本研究中各处理夏玉米产量变化规律也证明了这一点。BF,SM,BFSM 处理的夏玉米产量较 CK 处理平均提高 11.6%,19.9%,20.3%($p<0.05$),但 SM 与 BFSM 处理间产量差异不显著($p>0.05$)。

提高水分利用效率是干旱半干旱地区缓解水资源短缺的重要举措之一。合理的根系分布可促进根系与植株间的协同作用。通过根系提取深层土壤的水分养分,供给根系及地上部植株生长所需,但因常规耕作形成的根系分布较浅较宽,表层冗余根系较多,提水作用有限,不能有效利用深层土壤水分,造成水分利用效率偏低。R/S 与水分利用效率间的关系密切,Ma 等通过去根与控制分蘖的方法发现,冬小麦 *R/S* 与水分利用效率负相关,这与本研究存在差异。这可能是因为河套灌区属干旱半干旱区,庞大的根系是夏玉米抗旱高产的保证,特别是深层土壤的 RLD。秸秆深埋的耕作措施综合了秸秆深埋与深翻耕作的优势,可显著提高深层土壤的 RLD,削弱了水平向根系的生长,从而增强深层根系的提水作用,形成了良好的根冠关系。因此,本研究中,随着成熟期的 *R/S* 增加,夏玉米产量及水分利用效率也显著提高。BF,SM,BFSM 处理水分利用效率较 CK 处理平均提高 13.6%,32.9%,33.3%,而 2018 年(多雨的年份)较 2017 年(少雨的年份)的 BF,SM,BFSM 处理下的水分利用效率分别下降了 9.1%,6.5%,4.9%,CK 和 BF 处理 WUE 下降的最多,说明秸秆深埋耕作模式在少雨区或干旱区更适宜。

3.4.2 小结

本章通过田间试验,揭示了不同秸秆还田深度和翻耕方式对河套灌区夏玉米的根系分布、产量及水分利用效率的影响。主要得到以下结论:

①秸秆表覆措施显著提高水平向根长密度($p<0.05$),形成“宽浅”型根系,较常规耕作提高 24.7%;秸秆深埋耕作措施显著提高大于 40 cm 土层根长密度($p<0.05$),形成“深扎”型的根系分布,较常规耕作提高 23.8%。夏玉米根长密度与相对标准化的根系下扎深度呈显著的三阶多项式函数关系,可较好地描述不同耕作模式根长密度的分布。

②不同秸秆还田方式处理较常规耕作的夏玉米根冠比分别提高 3.8%,20.8%,26.4%,平均增产 8.6%,19.5%,19.7%,水分利用效率平均提高 13.6%,32.3%,33.4%。

③深翻耕作与秸秆深埋结合耕作模式可有效促进夏玉米植株和地下部根系生长发育,为夏玉米根系构建和谐的水土微环境,显著提高深层根长密度,改善夏玉米根系的空间分布,形成良好的根冠关系,有助于提高夏玉米产量和水分利用效率。

4 秸秆覆盖下灌水量对土壤水盐运移的影响

秸秆还田作为一种改良盐渍地的耕作措施被广泛关注，在农业生产中陆续开展应用，并取得较好效果。目前，关于秸秆还田对土壤水盐运移的影响主要从室内或微区试验开展，鲜有研究不同秸秆覆盖结合灌水量对土壤水盐分布、水分利用效率及作物产量的影响。本章以秸秆覆盖-灌水量耦合为切入点，开展田间试验，分析基于不同秸秆覆盖与灌水量下土壤水盐运移规律，以及夏玉米产量、水分利用效率的响应，旨为秸秆覆盖耕作措施选择适宜的灌水定额，为河套灌区推广应用秸秆还田技术提供参考。

4.1 不同秸秆覆盖方式与灌水量耦合对土壤水盐运移的影响

4.1.1 秸秆覆盖下不同灌水量对土壤含水率的影响

夏玉米生育期内不同处理的土壤含水率动态变化如图 4.1、图 4.2 所示。试验结果表明，各处理土壤含水率动态变化总体表现为：随土层深度加深而提高，随夏玉米生育期推移而降低，并且各处理的耕作层含水率呈 W 形分布；秸秆隔层附近土层含水率变幅较大；心土层含水率变化幅度相对较小。

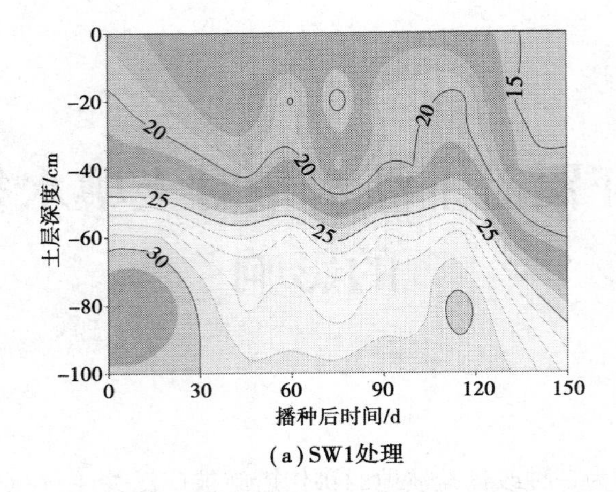

(a) SW1处理

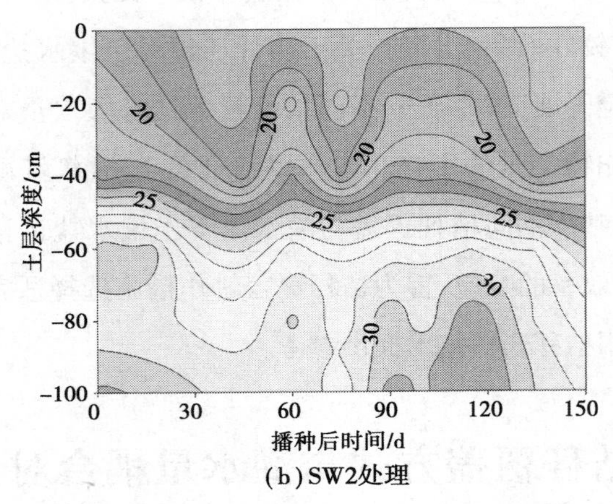

(b) SW2处理

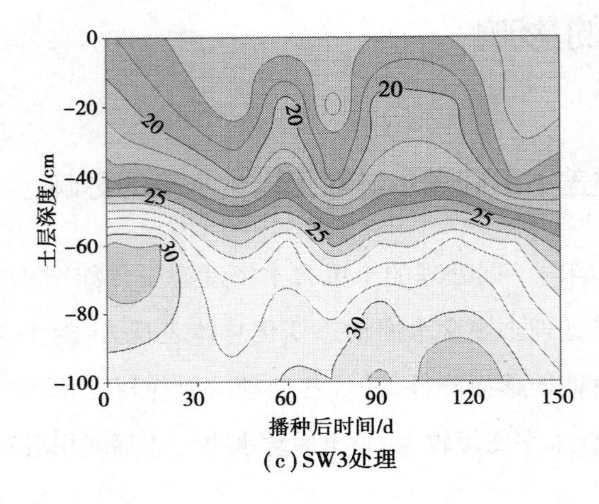

(c) SW3处理

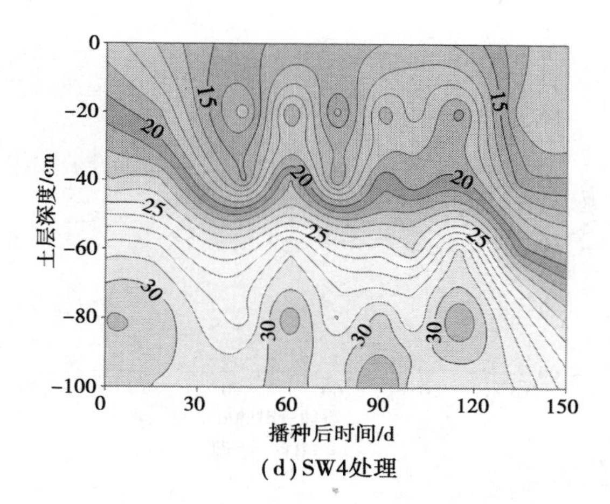

(d) SW4处理

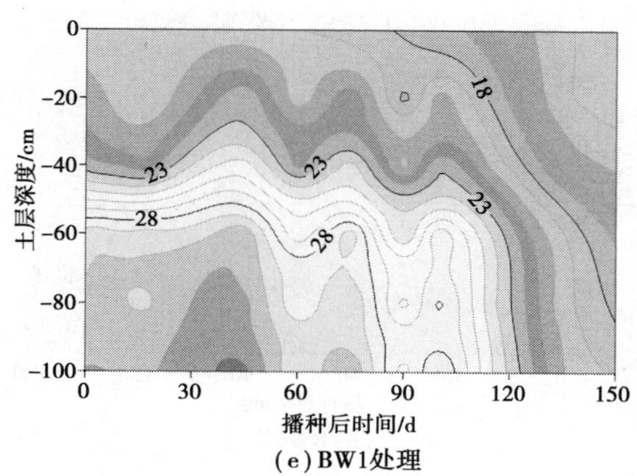

(e) BW1处理

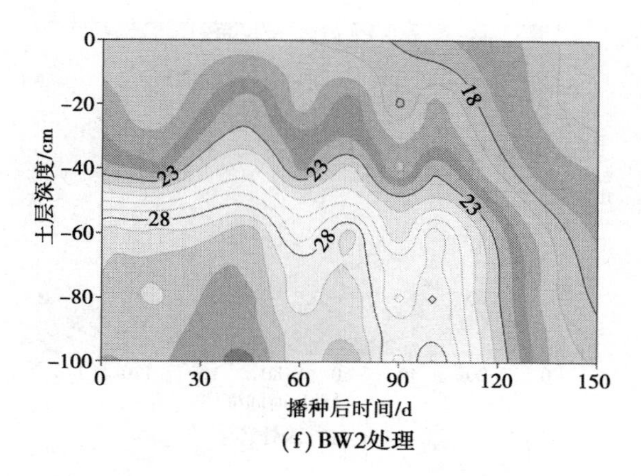

(f) BW2处理

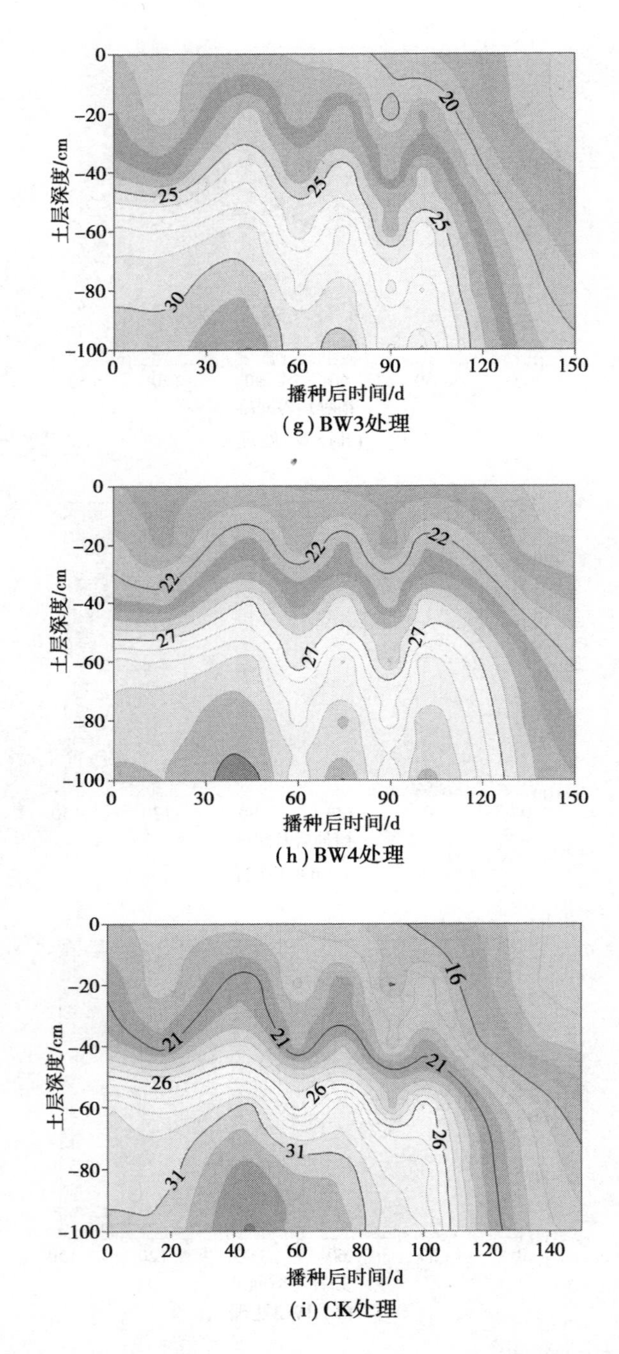

图 4.1　2017 年各处理在夏玉米生育期内的土壤含水率变化

在苗期,各处理耕作层含水率差异不显著。拔节期前,进行第一次地面灌溉,此时各处理耕作层含水率均大幅增加,灌溉结束后,随土壤蒸发和作物蒸腾作用增强土壤含水率逐渐降低,同一灌水量下,秸秆表覆处理的耕作层含水率降幅较小,并且耕层维持高含水率时间较长;CK 处理灌溉后迅速下降,降幅最大,其次是 SW1 处理。这可能是因为 SW1 处理的灌溉量小,导致耕作层土壤水未达到饱和状态,无多余土壤水入渗,且土壤持续蒸发和作物蒸腾,秸秆隔层在一定程度上阻碍了深层土壤水的上移,导致 SW1 处理耕作层含水率持续降低;SW2、SW3 处理在耕作层含水率保持平稳,灌溉或有效降雨后较长一段时间内耕作层含水率较高,且二者多余土壤水向下入渗,先补充秸秆隔层蓄水,多余水分补给地下水;后期耕作层含水率下降,秸秆隔层释放蓄水,补充耕层水分,并提供夏玉米生长所需水分,有利于夏玉米生长;SW4 处理灌溉量大,对秸秆隔层产生不同程度的破坏,连通了地下水与耕作层的水分运移通道,在生育期耕作层含水率变化幅度较大,地面灌溉或有效降雨后含水率大幅增加,随后因腾发作用迅速减小。因秸秆表覆的作用,秸秆表覆处理在一定程度上可减少土壤蒸发,保持耕作层较高的含水率,并且灌溉后高含水率持续时间较长;同时,表覆层以下的土壤结构导水率与 CK 一样,无差异,易形成水分运移联通体,随着土壤蒸发和作物蒸腾的持续作用,深层土壤水持续补给蒸发,促进了耕作层的蒸发,使含水率减小,其中 BW4 降幅最大。

在夏玉米灌浆期,秸秆表覆减少土壤蒸发的作用减弱,此时作物的蒸腾作用增强。BW1,BW2,SW1 处理耕作层土壤含水率持续下降,其他秸秆覆盖处理耕作层土层含水率下降时间较 CK 处理延后 3 ~ 10 d。夏玉米成熟期,BW1,BW2,SW1 处理的耕作层平均含水率较 CK 降低 10.5% ~21.3%,其他秸秆覆盖处理的耕作层平均含水率较 CK 处理提高 5.6% ~9.4%,秸秆深埋的 SW2 处理效果较好。

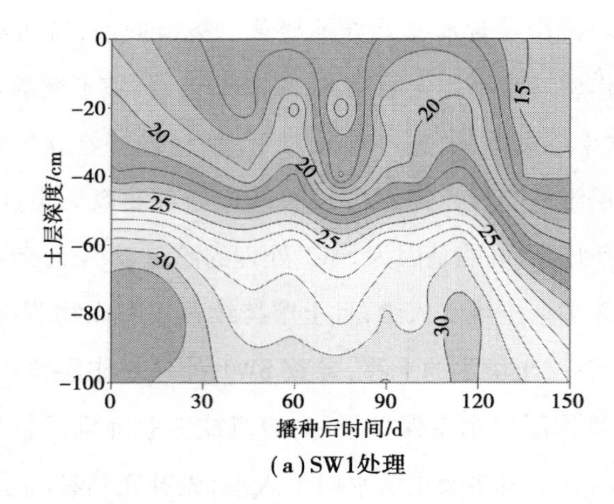

(a) SW1处理

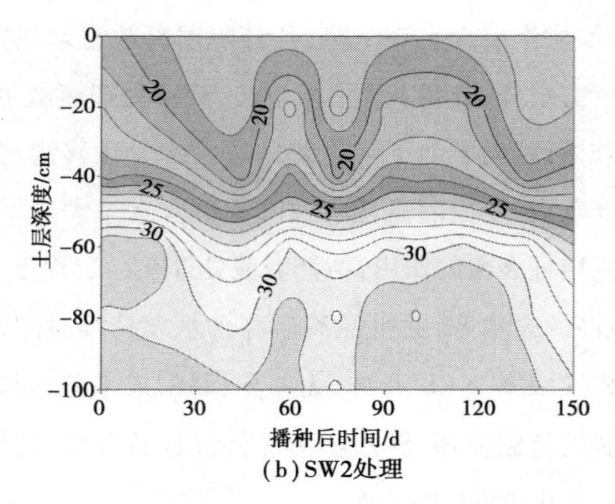

(b) SW2处理

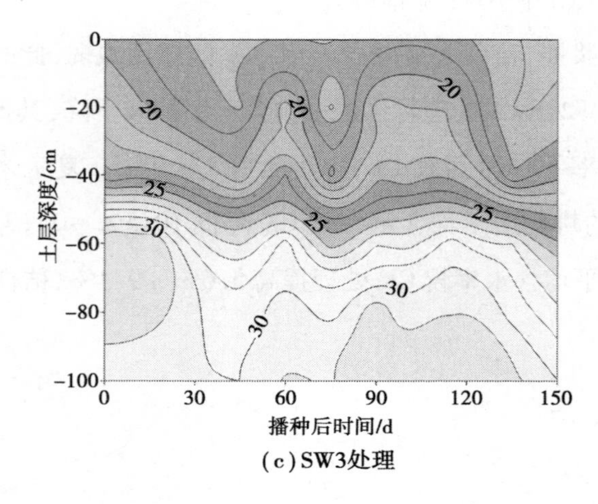

(c) SW3处理

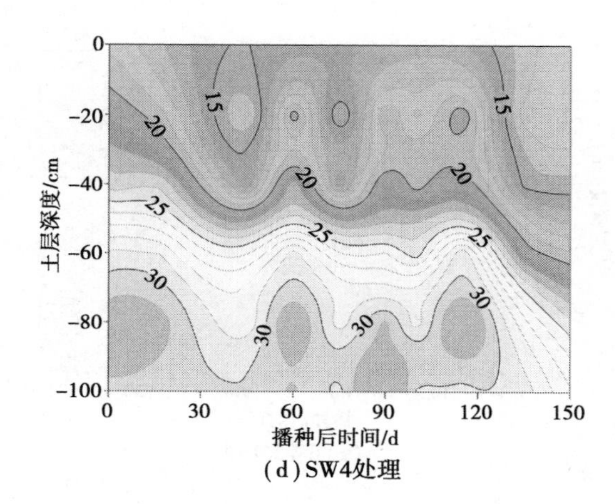

(d) SW4处理

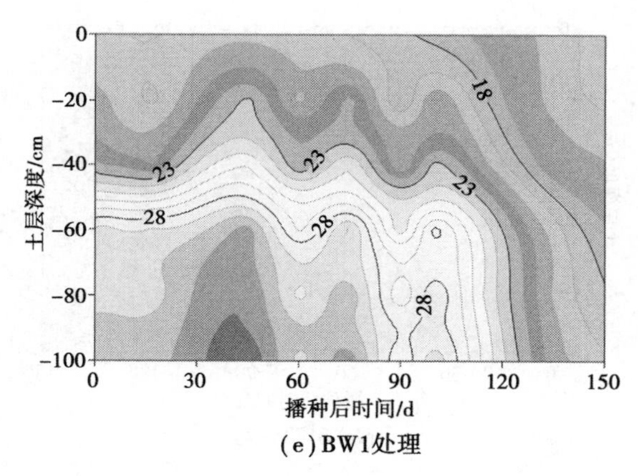

(e) BW1处理

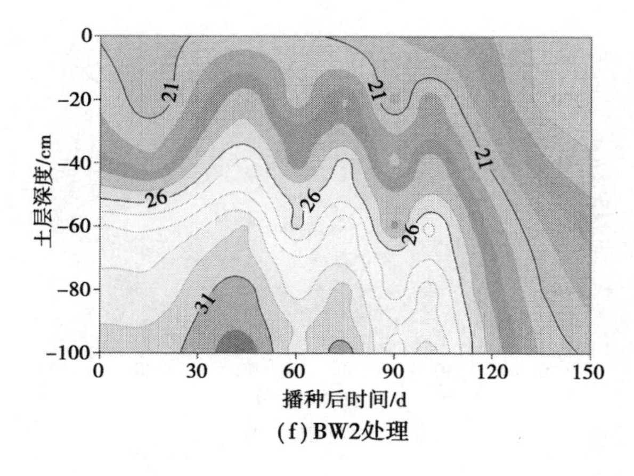

(f) BW2处理

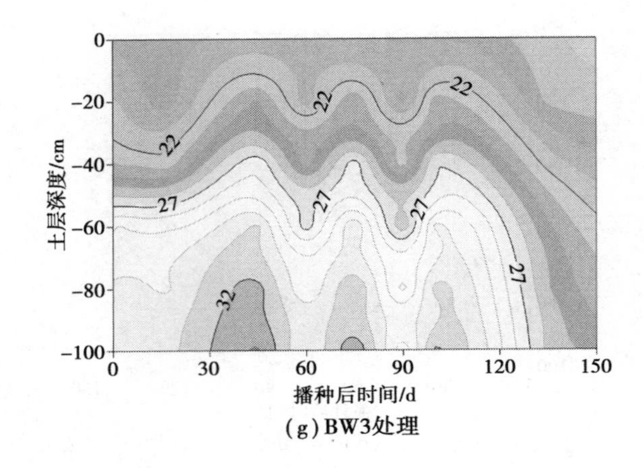

(g) BW3处理

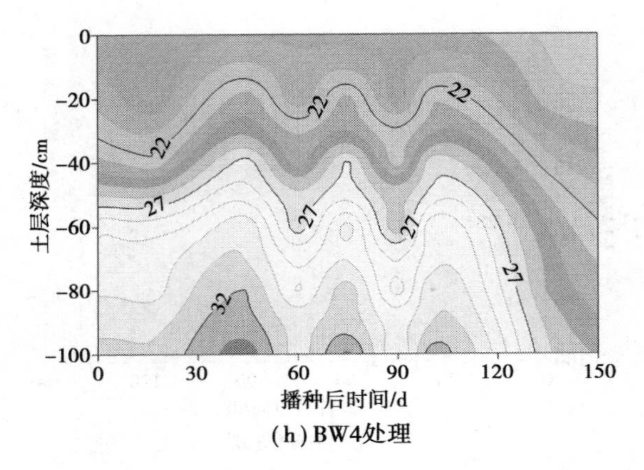

(h) BW4处理

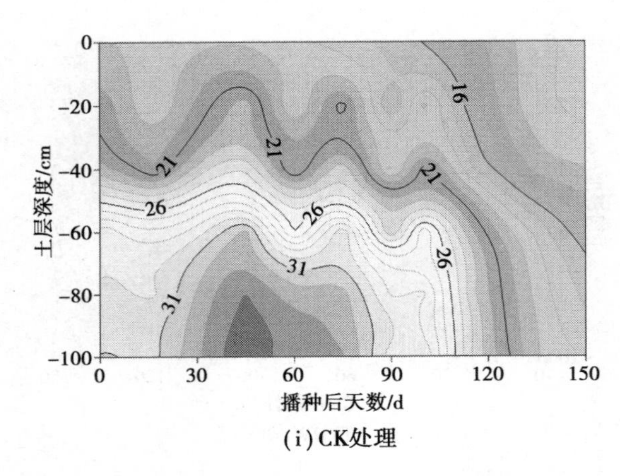

(i) CK处理

图 4.2　2018 年各处理在夏玉米生育期内的土壤含水率变化

夏玉米生育期各处理秸秆隔层的土壤含水率变化如图4.3所示。可知,在同一生育阶段,秸秆深埋的秸秆隔层含水量随灌水量增加呈先增后减趋势,SW2和SW3含水率无显著差异($p>0.05$);秸秆表覆相应土层含水率随灌水量增加而增加,BW4处理含水率最大。在成熟期,除SW1秸秆隔层持水量较CK平均降低6.3%,SW2,SW3,SW4隔层含水率较CK分别提高20.3%,17.7%,3.3%,并且在秸秆隔层附近含水率等值线紧密。BW1和BW2处理的相应土层含水率较CK平均下降10.0%和5.2%,BW3和BW4较CK提高1.8%和4.8%,差异不显著($p>0.05$)。分析土壤含水率等值线图可知,秸秆深埋处理随灌水量增加,等值线逐渐密集,后稀疏,说明在适宜灌水定额下,秸秆隔层能够蓄纳耕作层多余的入渗水或降雨,扩大秸秆隔层蓄水容量;同时,在土壤蒸发和作物蒸腾较强时,秸秆隔层蓄水可补给耕层,并有效促进深层根吸收深层土壤水分供给夏玉米生长。秸秆表覆等值线图随灌水量增加,在表层逐渐密集,说明即使表覆秸秆在土壤表层仍存在较大量的水分交换,在腾发作用下而被蒸发,导致表层土壤含水率下降,随着灌水量增加降幅逐渐变小。心土层含水率随土层深度加深而提高,随灌水量增大而增大,随蒸发作用的增强而降低。因此,在作物生长中后期,秸秆深埋较秸秆表覆节水蓄水效果好,以SW2和SW3处理较佳。

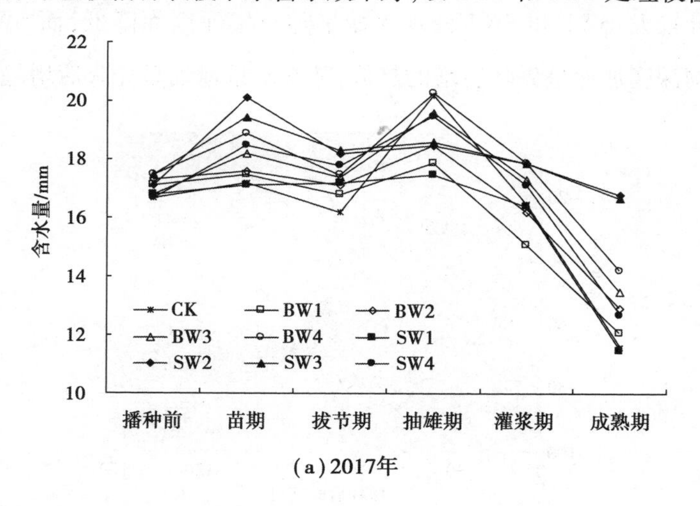

(a) 2017年

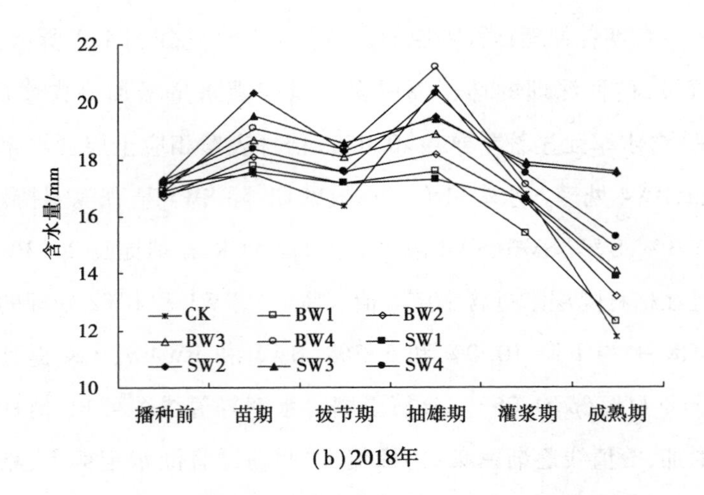

(b)2018年

图 4.3　不同生育期各处理的秸秆隔层含水量

4.1.2　秸秆覆盖下不同灌水量对土壤含盐量的影响

秸秆覆盖与不同灌水量对各土层含盐量的影响如图 4.4、图 4.5 所示。在整个生育期,秸秆表覆处理与 CK 处理变化趋势类似,均在表层大量积盐,含盐量随土壤深度加深而逐渐降低,随灌水量增加而减少。秸秆深埋处理含盐量变化趋势差异较大:SW1 和 SW4 处理含盐量随土壤深度而降低,而 SW2 和 SW3 处理随土壤深度加深呈先降后增的趋势;随灌水量增加呈先降后增趋势。

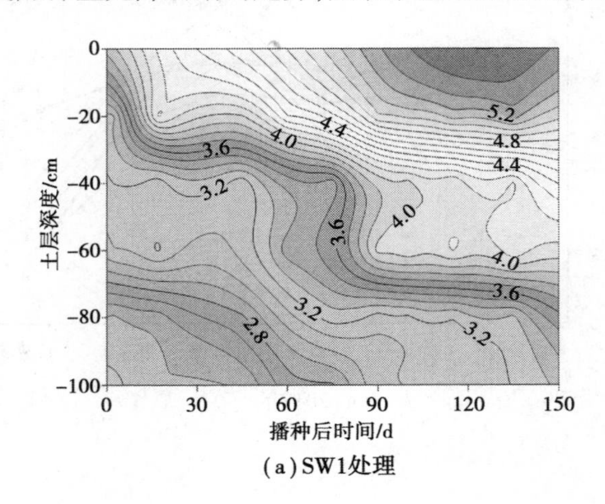

(a)SW1处理

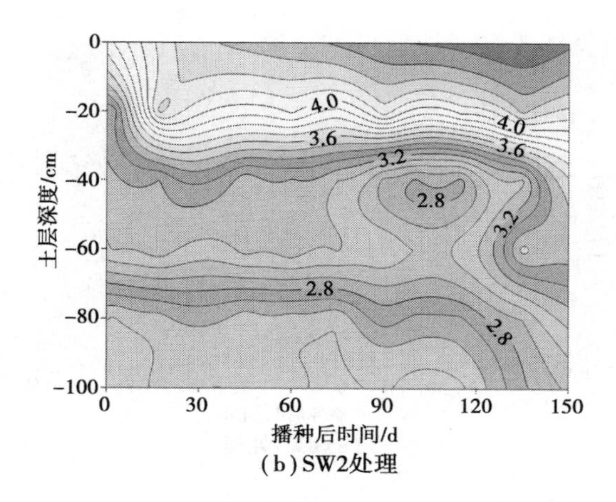

(b) SW2处理

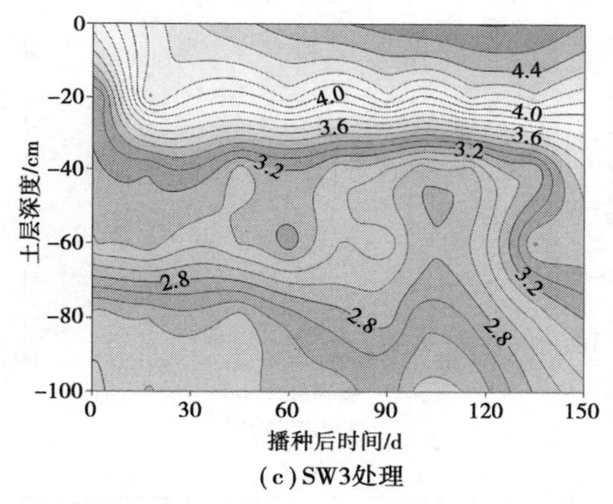

(c) SW3处理

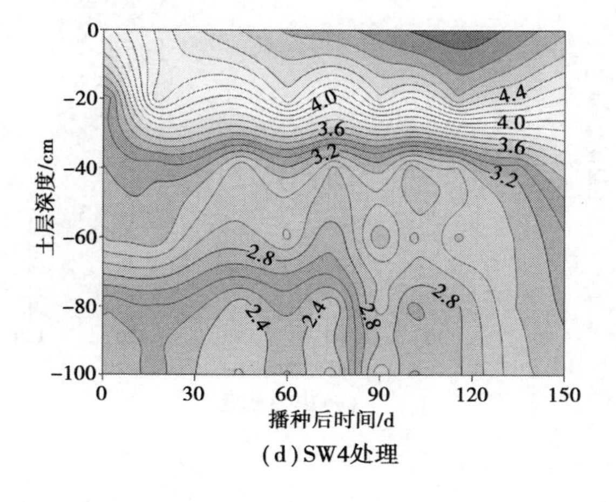

(d) SW4处理

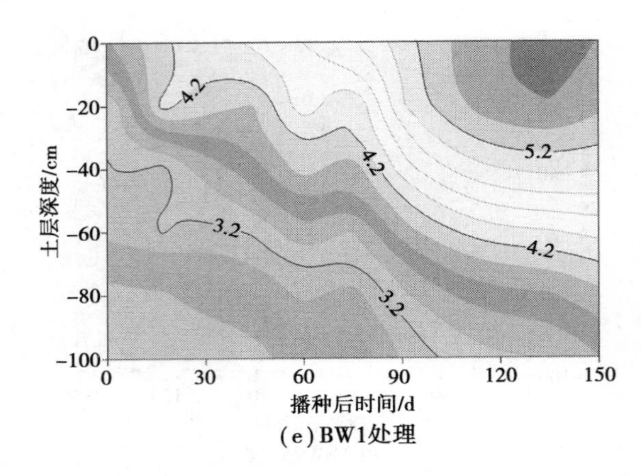

(e) BW1处理

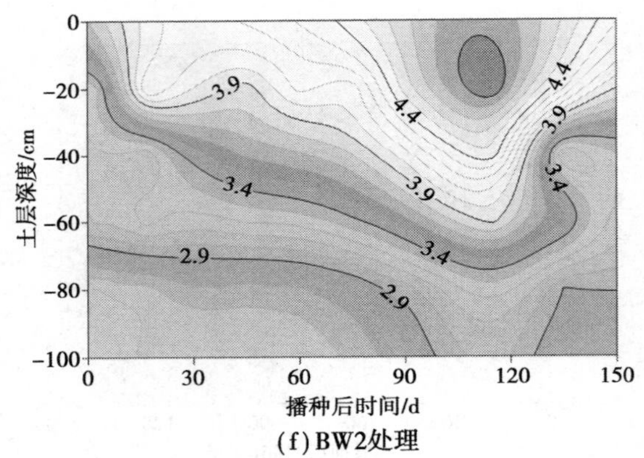

(f) BW2处理

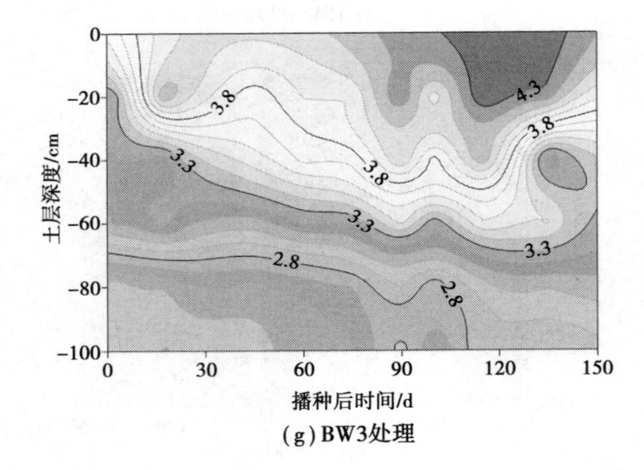

(g) BW3处理

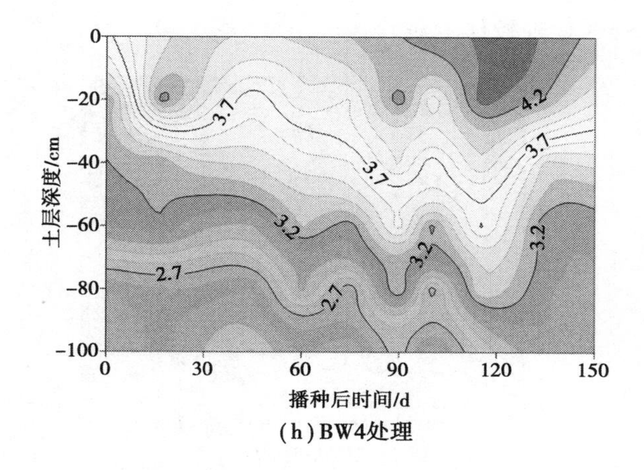

(h) BW4处理

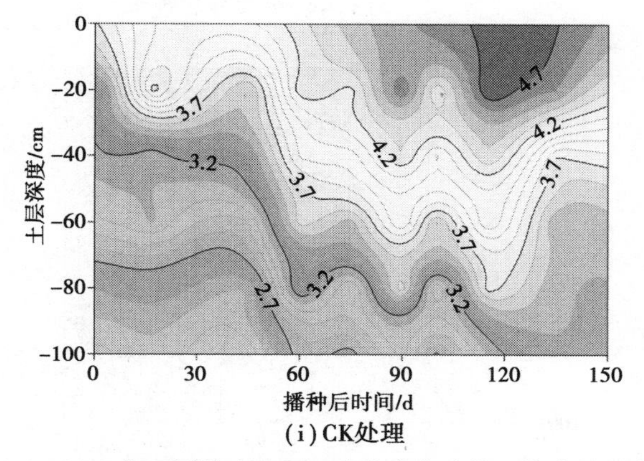

(i) CK处理

图4.4　2017年不同处理在夏玉米生育期内的土壤含盐量变化

各处理耕作层均积盐，CK处理随生育期推移持续积盐，成熟期积盐率为16.5%；秸秆表覆处理耕作层含盐量随生育期推移也持续积盐，随灌水量增大而降低，4个处理在成熟期耕作层积盐率分别为21.2%，19.5%，16.2%，13.8%，这说明秸秆表覆在适宜灌水量（120 mm和135 mm）可有效地减少耕作层积盐。秸秆深埋处理耕作层含盐量随生育期推移持续积盐，随灌水量增大呈先降后增的趋势，4个秸秆深埋处理在成熟期耕作层积盐率分别为24.0%，10.2%，9.4%，16.5%，SW2，SW3处理土壤积盐率较CK处理显著降低（$p<0.05$）。这与该处理耕作层含水率的变化趋势一致，因耕作层含水率下降，诱使土层含盐量增大，导致积盐。秸秆深埋与适宜灌水量可有效减少表层大量积

盐,以 SW2 和 SW3 处理较佳。

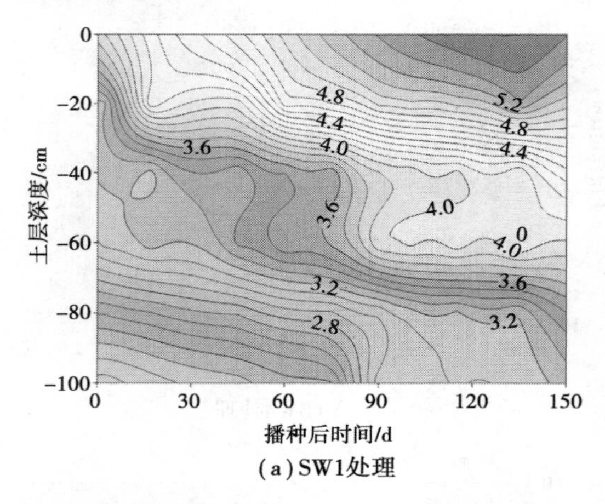

(a) SW1处理

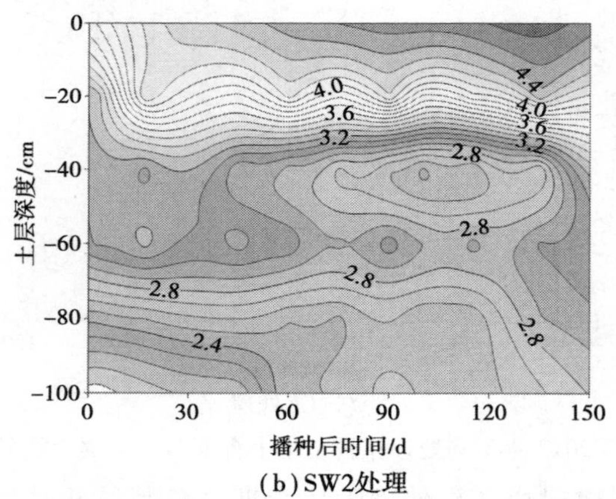

(b) SW2处理

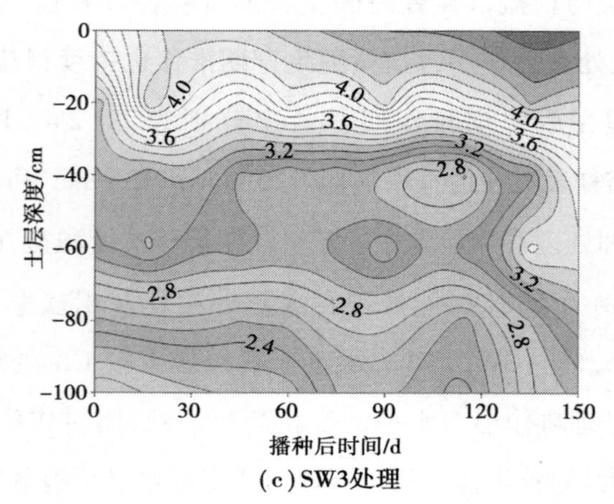

(c) SW3处理

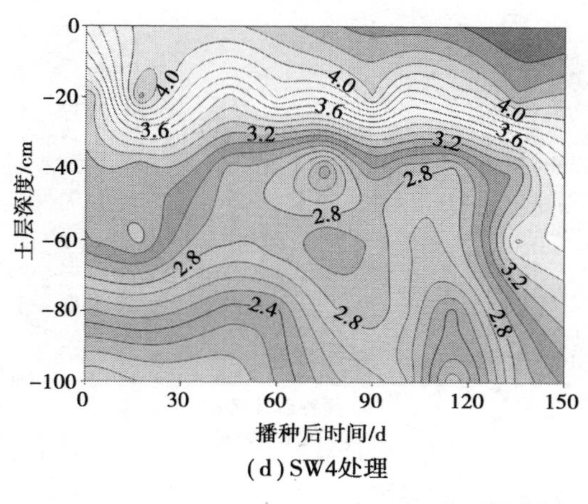

(d) SW4处理

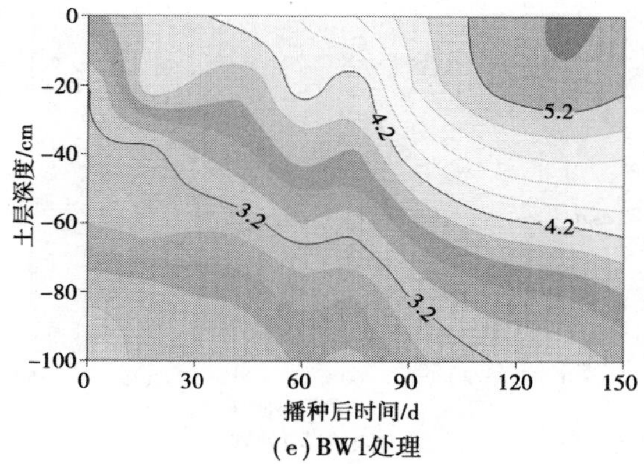

(e) BW1处理

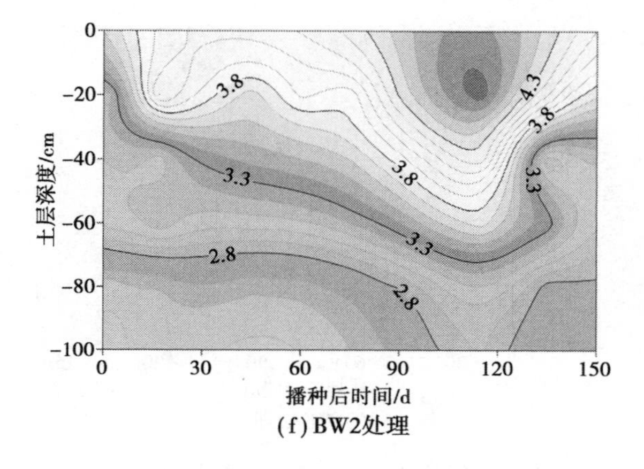

(f) BW2处理

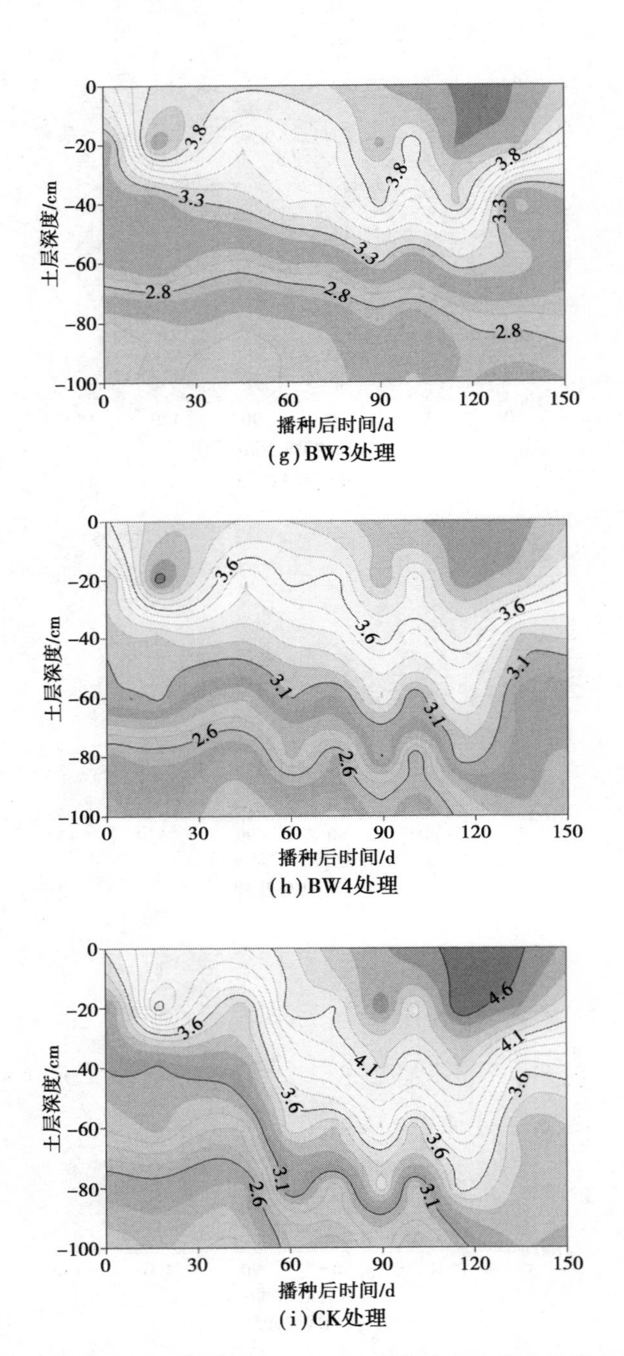

图 4.5　2018 年不同处理在夏玉米生育期内的土壤含盐量变化

秸秆表覆在秸秆隔层相应土层含盐量在灌溉时下降，后缓慢增大，随生育期推移含盐量逐渐增大，成熟期积盐率为 10.9% ~28.2%；与 CK 处理趋势类似，成熟期积盐率为 11.1%；SW1 和 SW4 处理在整个生育期秸秆隔层含盐量逐渐增加，成熟期积盐率为 27.0% 和 9.8%，SW2 和 SW3 处理秸秆隔层含盐量变化比较平稳，成熟期二者在隔层有脱盐趋势，脱盐率为 7.6% 和 7.1%，二者含盐量差异不显著。分析各处理含盐量等值线图可知，CK 处理和秸秆表覆处理在秸秆隔层附近土层的含盐量等值线分布较稀疏，这是因为这两种耕作方式的土壤质地均匀，水盐运移通畅，未产生大量的水盐交换量，而秸秆深埋在隔层附近土层含盐量等值线相对紧密，随时间推移呈先紧密后稀疏的趋势，且灌水定额越大，含盐量等值线紧密状态持续时间越长，说明水盐迁移越频繁，存在较大的水盐交换量。秸秆深埋处理效果较好，SW2 和 SW3 处理能够形成高水低盐的根土环境，效果较佳。

CK 处理心土层含盐量变化幅度较大，在 2.5 ~4.5 g/kg，地面灌溉或有效降雨后大幅下降，随蒸发作用增强而增大。秸秆表覆处理中除 BW1 处理，其他处理心土层含盐量变化较平稳，在 2.0 ~3.3 g/kg；BW1 处理因灌溉量较小，受腾发作用，心土层在生育期持续积盐，成熟期有继续增大趋势，最大达到 3.7 g/kg；成熟期秸秆表覆各处理心土层含盐量较 CK 平均降低 5.6% ~14.1%，随灌水量增大降幅增大。SW1 处理的心土层含盐量随着生育期推移呈增大趋势，最大值出现在成熟期，约为 4.4 g/kg；SW4 处理心土层含盐量在成熟期仍有增大的趋势，变化幅度较大，在 2.1 ~4.1 g/kg；SW2，SW3 处理在秸秆隔层下的 40 ~80 cm 土层含盐量平均为 3 g/kg，较 20 ~40 cm 土层含盐量显著增大，并且 40 ~80 cm 土层含盐量在成熟期有继续增大的趋势，最大为 3.6 g/kg，生育期内在大于 80 cm 土层的含盐量变化比较平稳，在 1.9 ~2.7 g/kg；秸秆深埋处理心土层含盐量较 CK 平均降低 2.2% ~10.6%。各处理心土层均积盐，随灌水量增大秸秆表覆积盐趋势与耕作层相同，而秸秆深埋积盐随灌水量增大呈先增后降，与耕作层积盐趋势相反。

4.2 不同秸秆覆盖方式与灌水量耦合对夏玉米生产效益的影响

各处理对夏玉米的穗长、秃尖长、百粒质量及产量等要素、水分利用效率及耗水量的影响见表4.1。可知,各处理夏玉米的穗长、秃尖长、百粒质量存在不同程度的差异。随灌水量的减少,夏玉米穗长变短,秃尖变长,百粒质量降低,且产量与穗长(R^2=0.826)、百粒质量(R^2=0.947)显著正相关,与秃尖长显著负相关(R^2=0.951)。这说明秸秆覆盖下不同灌水定额对夏玉米的产量因百粒质量和穗长的提高和秃尖的降低而提高,并且不同灌水量对夏玉米产量产生不同程度的影响,秸秆表覆各处理的产量随灌水量的增加而增加,BW4 处理最大,仅较 CK 处理增产 3.1%,效果不显著(p>0.05),其他 3 个处理较 CK 处理减产3.1%~18.9%。秸秆深埋处理的产量随灌水量增大呈先增后降趋势,除 SW1 处理较 CK 处理减产 17.2%,其他处理增产 0.9%~5.3%,仅 SW2 处理显著增产。

夏玉米生育期耗水量主要来源于灌溉、降雨、土壤水,各处理耗水量随着灌水定额增加而增加(表4.1)。同一灌水量下,秸秆表覆和秸秆深埋处理的夏玉米耗水量差异不显著(p>0.05),说明秸秆覆盖方式对作物耗水量影响不显著,受地面灌溉量影响较大。各处理夏玉米平均耗水量较 CK 处理降低 6.1%~33.8%,说明秸秆覆盖对减小作物耗水量具有显著效果,并且适宜灌水量下有不同程度的增产或稳产的作用。

秸秆覆盖与灌水量耦合对夏玉米水分利用效率的影响存在不同程度的差异。2017 年少雨年份秸秆表覆处理水分利用效率随灌水量增大而增大,以BW4 最大,但 2018 年却随灌水量增大而减小,这说明秸秆表覆在少雨年份可有效提高水分利用效率,多雨年份反而不利于提高,BW1 处理平均水分利用效率最大,较 CK 处理提高 15.7%。另外,秸秆深埋处理水分利用效率随灌水量增大呈先增后降趋势，以 SW2 最大，平均较 CK 处理提高 45.9%。同一灌水量下，秸秆深埋处理较秸秆表覆处理提高水分利用效率 0.3%～28.8%。从年际间分析，各处理 2017 年少雨年份的水分利用效率较 2018 年高 0.8%～21.3%，说明秸秆覆盖下适宜灌水量更加适合少雨的干旱地区，有利于提高水分利用效率。

表 4.1　2017—2018 年各处理的夏玉米产量、产量构成因素及水分利用效率

年份	处理	穗长/cm	秃尖长/cm	百粒质量/g	产量/($kg \cdot hm^{-2}$)	耗水量/mm	水分利用效率/($kg \cdot hm^{-2} \cdot mm^{-1}$)
2017	CK	22.76b	2.25c	30.11bc	7 739.70a	474.45a	16.31e
	BW1	16.25e	3.11a	27.01e	5 958.64c	343.37d	17.35de
	BW2	20.23d	2.56b	27.64de	6 959.87b	389.78c	17.86de
	BW3	22.18bc	1.95de	29.15cd	7 549.89ab	412.56bc	18.30cd
	BW4	23.25ab	1.85e	31.02ab	7 896.87a	425.66b	18.55cd
	SW1	17.23e	2.95a	27.12e	6 058.94c	315.98d	19.18bc
	SW2	24.71a	2.11cd	33.61a	7 995.19a	338.97d	23.59a
	SW3	22.32bc	2.12cd	32.87ab	7 865.23a	379.56c	20.72b
	SW4	20.48cd	1.89e	30.11bc	7 789.59a	435.75b	17.88de
2018	CK	23.19b	2.02cd	31.96ab	7 958.69ab	539.75a	14.75e
	BW1	16.87d	2.86a	26.41d	6 759.81d	363.57f	18.59bc
	BW2	19.52c	2.38b	28.66cd	7 125.68cd	411.28de	17.33cd
	BW3	22.48b	2.27b	29.85bc	7 659.85bc	475.26bc	16.12de
	BW4	24.15ab	1.98cd	32.55ab	8 047.89ab	526.35a	15.29e
	SW1	17.54d	2.75a	28.57cd	6 943.80d	355.67f	19.52b
	SW2	25.67a	1.95d	34.26a	8 533.95a	392.65ef	21.73a
	SW3	24.32ab	1.88d	32.59ab	8 297.28ab	448.59cd	18.50bc
	SW4	23.68ab	2.18bc	31.58ab	8 056.78ab	501.29ab	16.07de

4.3 秸秆覆盖下灌水量、耕作层含盐量与夏玉米生产效益的关系

1）灌水定额与产量、WUE 的关系

分析表 4.1 可知，秸秆覆盖下夏玉米产量与生育期灌水量呈显著二次函数关系。2017 年产量与灌水定额的关系如图 4.6（a）所示，二者呈二次函数关系，即

$$Y_{BF}=-0.141X^2+52.723X+3\,315.2(R^2=0.997) \quad (4.1)$$

$$Y_{SM}=-0.629\,6X^2+140.22X+847.11(R^2=0.935) \quad (4.2)$$

式中 X——灌水定额，mm，下同。

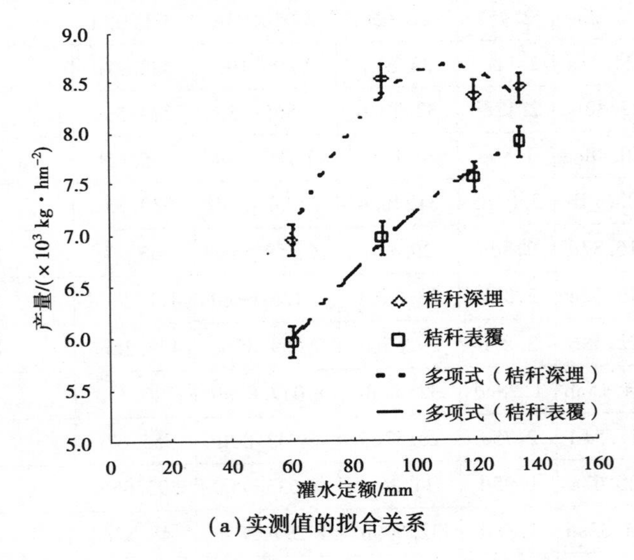

（a）实测值的拟合关系

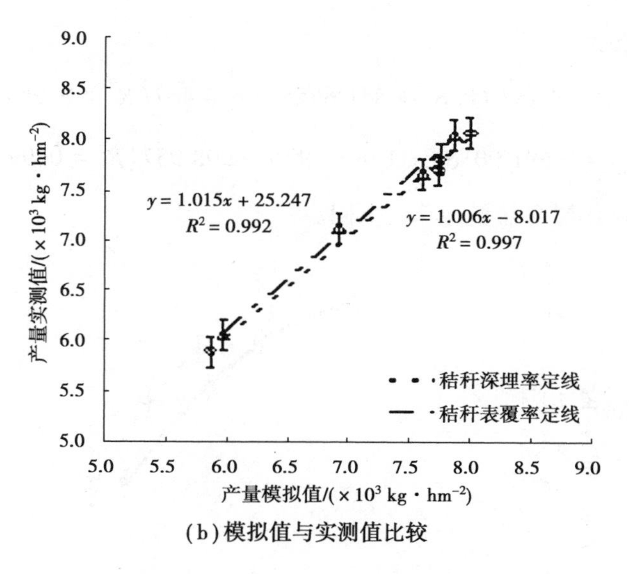

(b)模拟值与实测值比较

图 4.6　灌水定额与产量的关系

用2018 年实测值率定得到图 4.6(b),秸秆深埋与秸秆表覆处理的 2018 年产量模拟值与实测值相关程度好,模型模拟结果可较好地描述在不同秸秆覆盖方式下不同灌水定额与夏玉米产量间的关系。根据边际分析原理,确定秸秆深埋下夏玉米理论产量最高值为 8 654 kg/hm^2,此时对应单次灌水定额为 111 mm。根据秸秆表覆产量与灌水量的拟合图可知,秸秆表覆的夏玉米产量随着灌水量的增大而增大,同时确定秸秆表覆下夏玉米理论产量最高值为 8 243 kg/hm^2,此时对应的单次灌水定额为 187 mm,远大于当地实际灌水定额 135 mm,并且产量未大幅提高,故秸秆表覆产量最高时应按照当地灌水量灌溉。

2)耕作层含盐量、产量、灌水定额间的关系

秸秆表覆处理下两年的耕作层含盐量与夏玉米产量的关系如图 4.7(a)所示,二者拟合关系为

$$Y_{2017} = -16\ 283X^2 + 47\ 420X - 26\ 626 (R^2 = 0.999) \tag{4.3}$$

$$Y_{2018} = -9\ 292.1X^2 + 23\ 573X - 6\ 875.7 (R^2 = 0.999) \tag{4.4}$$

秸秆深埋下处理 2 年的耕作层含盐量与夏玉米产量的关系如图 4.7(b)所

示,二者拟合关系为

$$Y_{2017} = -283\ 686S^2 + 841\ 655S - 614\ 467(R^2 = 0.989) \quad (4.5)$$

$$Y_{2018} = -691\ 901S^2 + 1\ 998\ 792S - 998\ 957(R^2 = 0.996) \quad (4.6)$$

式中　S——耕作层含盐量,g/kg,下同。

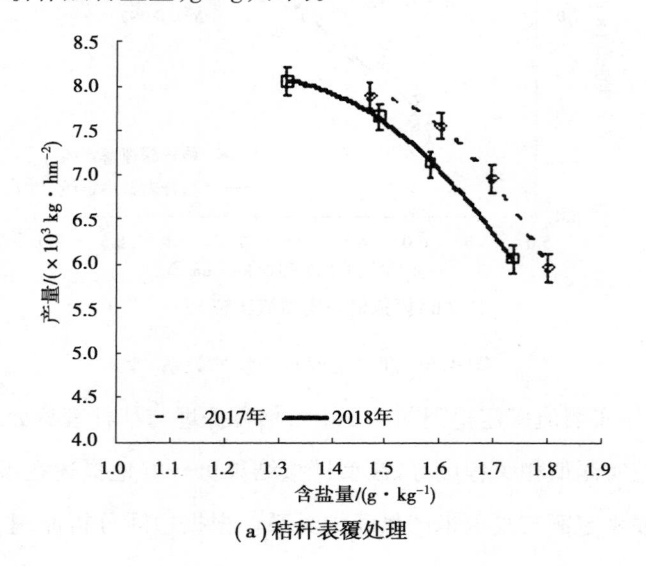

(a)秸秆表覆处理

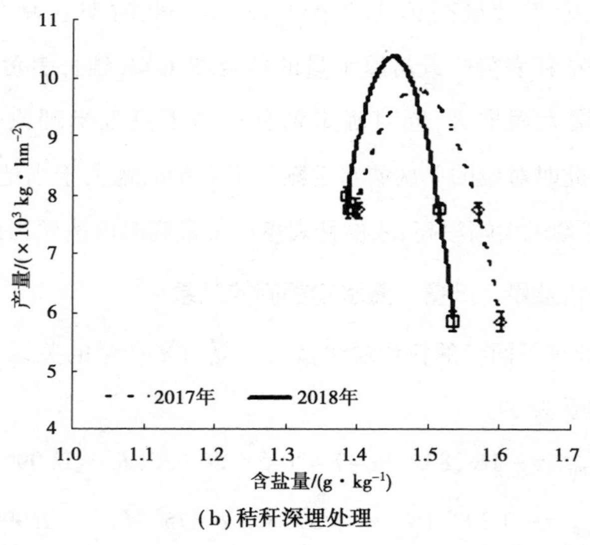

(b)秸秆深埋处理

图4.7　秸秆覆盖处理的耕作层含盐量与产量的关系

耕作层含盐量与产量间呈显著二次函数关系，根据边际分析原理，秸秆表覆处理的夏玉米产量理论值最大时，2017 年和 2018 年耕作层较适宜的含盐量分别为 1.46 g/kg 和 1.26 g/kg。秸秆深埋处理的夏玉米产量理论值最大时，2017 年和 2018 年耕作层较适宜的含盐量分别为 1.48 g/kg 和 1.45 g/kg。2018 年含盐量偏小是由于 2018 年降雨量较大所致。

秸秆表覆处理下两年的耕作层含盐量与单次灌水量的关系如图 4.8(a)所示，二者拟合关系为

$$Y_{2017} = -0.000\,003X^2 + 0.002\,2X + 1.782\,9 \quad (R^2 = 0.979) \tag{4.7}$$

$$Y_{2018} = -0.000\,003X^2 + 0.000\,7X + 1.793\,1 \quad (R^2 = 0.964) \tag{4.8}$$

秸秆深埋下处理两年的耕作层含盐量与单次灌水量的关系如图 4.8(b)所示，二者拟合关系为

$$S_{2017} = 0.000\,3X^2 - 0.058X + 4.417 \quad (R^2 = 0.995) \tag{4.9}$$

$$S_{2018} = 0.000\,2X^2 - 0.044X + 3.657 \quad (R^2 = 0.996) \tag{4.10}$$

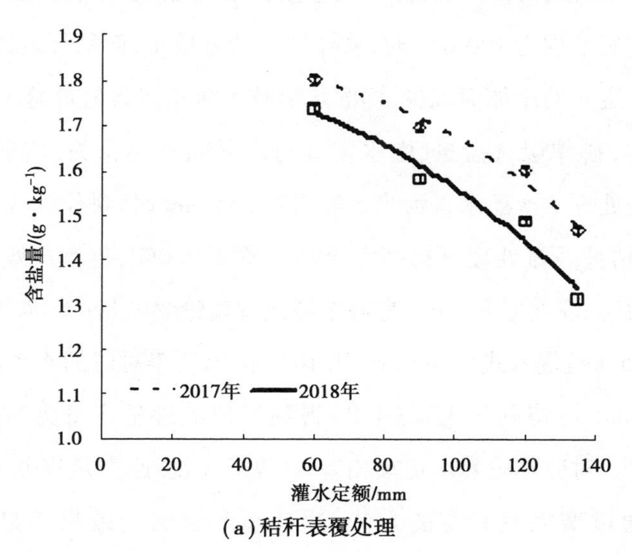

(a)秸秆表覆处理

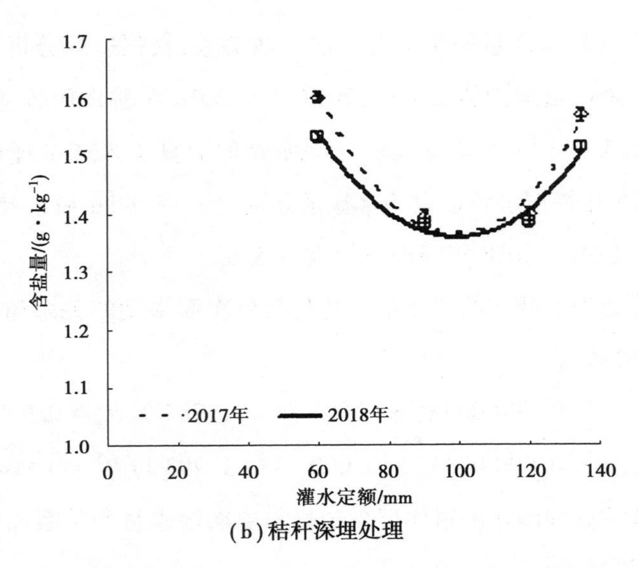

(b)秸秆深埋处理

图 4.8　秸秆覆盖的耕作层含盐量与灌水定额的关系

由图 4.8 可知,两种秸秆覆盖方式处理耕作层含盐量与灌水定额之间呈显著二次函数关系,秸秆深埋处理随着灌水定额的增加,耕作层含盐量先减后增,当两年灌水定额平均为 100 mm 时,耕作层含盐量最小;而秸秆表覆处理耕作层含盐量随灌水定额的增加而减少,即灌水量越大耕作层含盐量越小。

综上所述,耕作层含盐量、灌水定额与产量间密切相关,均呈二次函数关系。秸秆表覆处理单次灌水量为当地灌水量 135 mm 时,耕作层含盐量最低,产量最高,此时秸秆表覆处理可提高水分利用效率 9.0%,但增产效果不显著,仅为 1.6%。秸秆深埋处理下,分别将耕作层适宜理论含盐量(2017 年为 1.48/kg,2018 年为 1.45/kg)代入式(4.9)、式(4.10),得出 2 年对应的 4 个灌水定额,平均为 82,118 mm,再将其代入式(4.2)得到对应的理论产量为 8 478 kg/hm^2,8 687 kg/hm^2。对应理论灌水定额相差 43.9%,但理论产量仅差 2.36%,说明秸秆深埋下通过增大灌溉量的方法,达到增产目的的效果不显著。根据式(4.2)分析理论最高产量对应灌水定额为 111 mm。因此,河套灌区夏玉米种植可选择秸秆深埋耕作模式,其适宜的理论灌水定额在 82~111 mm,耕作层含盐量为 1.45~1.48 g/kg。

4.4 本章讨论与小结

4.4.1 讨论

研究表明,土壤结构及其质地均匀性对土壤水入渗有着显著的影响,导致水分入渗形式也被改变。本研究发现,在秸秆深埋和不同灌水量互作下,土壤水的入渗受到显著改变。同时,因秸秆质地粗糙,大孔隙较多,与均质土壤交界面形成的孔隙差异界面的不同,造成了土壤导水率的差异,导致秸秆隔层与均质土间的水通量减小甚至灌水定额较小(SW1 处理)时,二者之间水量交换很小,阻断了耕作层与心土层间的水分交换,降低了土壤水通过秸秆隔层的入渗率,进而降低秸秆隔层土壤含水率。秸秆隔层交界面处形成湿润区优先流的水分在短时间内与均质土壤的其他部分水分运移不能保持平衡,引起湿润锋运移的不均匀,随时间推移,秸秆隔层含水量达到其容纳极限时,入渗水运移到心土层,入渗基本稳定。另外,本研究还发现秸秆表覆处理,虽然能在一定程度上减缓土壤蒸发,但秸秆表覆层以下与 CK 处理土壤结构无差别,一旦水分通过表覆层,就会迅速入渗,与地下水形成联通;因表覆层以下土壤较易形成水分运移联通体,随着蒸发作用增强,水分上移至表层,“水走盐留”,引起表层土壤积盐,形成高盐低水环境,不利于作物生长。

本研究中 SW1 处理夏玉米整个生育期耕作层土壤含水率处于较低状态,入渗水未能充分溶解耕作层盐分,并且溶液量未超过秸秆隔层容纳量极限,入渗水主要消耗在耕层,并停留在耕层和秸秆层中,入渗水不能运移到心土层,无淋盐效果;随土壤蒸发作用增强,耕作层土壤水分蒸散较快,且隔层阻断土壤毛管,心土层土壤水又不能及时透过隔层补给蒸发,耕作层土壤含水率逐渐降低,导致 SW1 处理的秸秆隔层逐渐演变成积盐库,在整个生育期有积盐趋势,造成根层盐渍化。秸秆表覆的 BW1 处理与 SW1 处理类似,也因灌水量较小,且表覆层以下土壤可形成水分运移联通体,引起该处理在整个生育期有积盐趋势。

SW2、SW3 处理的秸秆隔层延长入渗水在耕作层停蓄,提高耕作层及秸秆隔层的含水率,形成不连续的水分运移架构,超过秸秆隔层容纳量的部分入渗水运移到心土层,最后入渗趋于稳定,达到部分淋盐效果;在土壤蒸发作用下,心土层土壤水上移,但秸秆隔层形成的阻隔层,导致心土层土壤水分无法通过毛管上移至耕层,切断了蒸发补给,抑制深层盐分上迁,从而降低土壤蒸发作用。而常规耕作 CK 处理灌溉量较大,耕作层土壤质地均匀,导水率无显著差异,湿润区优先流与其水分运移很快达到平衡,入渗水短时间内运移到心土层,起到淋盐作用,因此灌溉或者有效降雨时,CK 处理的耕作层含盐量大幅下降;但盐随水走,随土壤蒸发作用的增强,CK 处理深层土壤水盐通过土壤毛细管进入耕作层补给蒸发所需水分并留下盐分,导致耕作层积盐,造成水资源浪费,同时耕地易产生次生盐渍化。

相关研究指出,秸秆双覆盖或秸秆夹层能够抑制深层土壤返盐且抑制耕层盐分表聚,这与本研究的结果存在差异。本研究发现,秸秆表覆和 CK 处理因土体结构类似,未能抑制深层土壤返盐,虽然秸秆表覆处理可减少土壤蒸发,提高水分利用效率,但增产效果不显著,并且成熟期秸秆表覆处理各土层仍积盐。秸秆表覆和 CK 处理耕作层聚盐来源主要是耕作层、灌溉水及土壤毛管供给的深层土壤的盐分,蒸发作用强烈,夏玉米耕层处于高盐低水状态,表聚大量盐分,造成耕层次生盐渍化。秸秆深埋下不同灌水量对耕层盐分影响显著,产生不同的盐分变化规律。SW2 和 SW3 处理能够抑制心土层返盐,但耕作层的表层有盐分表聚的现象,其表聚的盐分来源主要是耕层的盐分表聚,深层土壤盐分被隔层抑制;而 SW1 处理表聚盐分虽然也来源耕作层和灌水,但因持续的土壤蒸发作用,土壤水损失严重,导致 SW1 处理的耕作层含水率大幅下降,盐分浓缩。本书试验结果表明,除秸秆深埋的 SW2 和 SW3 处理的秸秆隔层有脱盐趋势,平均脱盐率为 7.6% 和 7.1%,其他处理均不同程度积盐,积盐率为 9.8% ~28.2%。

农业生产中,盐分胁迫是危害盐渍地作物生长的关键因子,盐分含量高低影响着作物耐盐性及产量,特别是耕层含盐量。相关研究发现,在甘肃白银地区小麦种植在适宜含盐量的耕地上,其耐盐性增强,且增产显著,耕地里含有适量的氯化钠盐可提高向日葵耐盐适应性,促进向日葵初期的生长。另外,水是干旱区作物生长的关键因子,虽然作物生长需要水分,但应该是适宜的范围内,相关研究表明在一定范围内,随灌水量增大,株高、干物质和产量等指标会不同程度增加,但当灌水量太大时,反而会影响作物指标,这与本研究得到的结论基本一致。本研究结果表明,秸秆表覆处理随灌水量增大,耕作层含盐量减小,产量随着增大,增产效果不显著,仅 BW4 处理增产 1.6%,水分利用效率提高 9.0%,其他处理均减产。秸秆深埋下,除 SW1 较 CK 处理减产 17.2%,其他处理增产 0.9% ~5.3%,各处理水分利用效率显著提高($p<0.05$),但 2018 年多雨年份随灌水量的减少反而提高水分利用效率。这是因为秸秆深埋可促进深层根系生长,有利于植株对深层土壤养分水分的吸收,充分利用降雨和土壤水,补充灌溉水的不足,从而提高水分利用效率。

因此,秸秆深埋耕作模式下适当减少灌水量,提高降雨和深层土壤水分的利用率,达到节水增产的目标是可行的。另外,耕作层含盐量、生育期灌水量与夏玉米的产量、WUE 具有显著相关性($p<0.05$),呈二次函数关系,决定系数 R^2 均大于 0.935。试验结果表明,当秸秆表覆处理单次灌水量为当地灌水水平 135 mm 时,产量达到最高,耕作层含盐量最低为 1.46 g/kg,此时秸秆表覆处理可提高水分利用效率 9.0%,但增产效果不显著,仅为 1.6%,未能达到节水的目的。秸秆深埋耕作模式下耕作层理论适宜含盐量为 1.45 ~ 1.48 g/kg,适宜理论灌水定额应在 82 ~ 111 mm,相比当地灌水量,节水达 17.8%($p<0.05$)。

本试验立足河套灌区秸秆还田技术在大田作物上的应用,研究不同灌水量与秸秆覆盖耕作模式间的互作效应,探讨了二者耦合下水盐分布及作物生产效益的响应。结果表明,秸秆深埋与适宜灌水量整体效果较优,且现有秸秆深埋还田机可实现秸秆深埋机械化,满足秸秆深埋还田的技术要求。综合考虑,秸秆深埋还田技术在农业生产实践中推广是可行的,本研究为探索应用秸秆深埋还田技术提供借鉴。

4.4.2 小结

①秸秆覆盖与灌水量耦合显著影响土壤水盐分布($p<0.05$),秸秆表覆处理盐分表聚,成熟期各土层均积盐;秸秆深埋处理在表层及隔层以下土层积盐,SW2 和 SW3 处理秸秆隔层持水量分别提高 20.3% 和 17.2%,脱盐率分别为 7.6% 和 7.1%,秸秆深埋形成的隔层起到阻盐蓄水作用,在根系构建高水低盐微环境,淡化根系环境,促进夏玉米生长。

②耕作层含盐量、单次灌水量与夏玉米产量和水分利用效率具有显著相关性($p<0.05$),均呈二次函数关系,决定系数 R^2 均大于 0.935。秸秆表覆处理的夏玉米产量随灌水量增大而增大,BW4 处理产量最高,仅增产 1.6%,增产效果不显著($p>0.05$);秸秆深埋处理的夏玉米产量随灌水量的增大,呈先增后减趋势,SW2 处理较 CK 处理平均增产 5.2%($p<0.05$)。

③通过回归模拟,基于河套灌区夏玉米的种植,秸秆表覆耕作模式较优理论单次灌水量为 135 mm,无节水效果;秸秆深埋耕作模式较优理论单次灌水量为 82~111 mm,节水 17.8% 以上,生育期灌 3 水,耕层含盐量调控为 1.45~1.48 g/kg。

5 基于 PSWE 模型的秸秆深埋下夏玉米灌水制度优化

目前,关于土壤水盐运移的研究方法主要是野外试验及数值模拟试验。大多数土壤水盐运移模型模拟及相关影响因子主要依赖于复杂的物理过程机理获取,模型求解也往往因边界条件复杂、计算参数众多等原因在运用上受限,并且水盐运移的非线性和变异性降低了这些机理模型的准确性和可靠性。Schindler 等认为,相比基于物理过程机理的模型,基于数据驱动的模型优势更为突出,并且伴随着机器学习理论及技术的发展,此类模型在模拟土壤水盐运移方面逐渐得到认可。作为当前机器学习领域最为活跃的深度学习理论及技术在土壤水盐运移上的应用还比较少见。

通过前面第 3 和 4 章的研究发现,秸秆深埋措施的整体效果较好,对改善水盐分布、增产及提高水分利用效率优于秸秆表覆处理。因此,本章开展针对多因素协同秸秆深埋下夏玉米灌水制度优化及水盐运移模拟,并预测作物生产效益。以田间试验实测的土壤水盐含量及作物生产效益数据为基础,基于深度学习中的分级长短期记忆神经网络(Hierarchical Long Short-Term Memory Network, HLSTM)与批标准化多层感知机(Batch-normalized Multi-Layer Perceptron, BMLP)的耦合,建立递进水盐嵌入神经网络模型(Progressive Salt-Water Embedding Neural Network, PSWE),模拟河套灌区多因素协同秸秆深埋下不同灌水量的土壤水盐运移,预测夏玉米生产效益。旨在探明多因素协同秸秆深埋下土壤水盐运动规律,进一步优化秸秆覆盖下夏玉米灌水定额,同时检验深度学习理论及技术在土壤水盐运移模拟的有效性。

5.1 PSWE 模型的基本原理

本模型使用 Python 编码，在 Pytorch 框架上架构递进水盐嵌入神经网络模型(Progressive Salt-Water Embedding Neural Network，PSWE)，并进行模型的训练、模拟与预测。分级长短记忆网络(Hierarchical Long Short-Term Memory Network，HLSTM)编码器构架时间化序列数据，对以天为单位记录的农田气象数据、灌溉定额及土层深度进行学习，并作为整体嵌入一个低维度欧几里得空间中，同时对作物生长及气候条件、与土壤水盐间的因果关系进行学习与分析，最终模拟输出土壤水盐动态变化。承接 HLSTM 编码器所得结果，批标准化多层感知机 BMLP 构造的解码器对土壤水盐动态变化与夏玉米生产效益间的因果关系进一步分析与学习。HLSTM 时间序列编码器与 BMLP 解码器在相互迭代更新学习的过程中，充分分析夏玉米各项指标在时间序列上的依存关系，并分析不同灌水量、生育期时长、土层深度、秸秆埋深及气象条件(地温、气温、辐射、CO_2 浓度、降水量)对土壤水盐运移以及作物生产效益(产量、水分利用效率)的多因素影响，最终达到对土壤水盐运移、作物产量和水分利用率的准确预测。

具体来讲，本书使用$[x_0,x_1,x_2,\cdots,x_t]$来表示每个时间点上的夏玉米各项指标(灌水量、生育期时长、土层深度及气候条件)。其中，每个 x_t 为 m 维的向量(m 为每个时间点夏玉米指标的数量，$m=9$)。时间序列化使得 x_t 自然拥有依次生成的性质，基于 n 阶马尔科夫链的夏玉米在各时间点上的各项指标依次发生的概率为

$$P(x_0,x_1,x_2,\cdots,x_t) \approx \prod_{t=1}^{T} P(x_t \mid x_t, x_{t-(n-1)},\cdots,x_{t-1}) \tag{5.1}$$

式中 x_t——每个时间点上夏玉米各项数据指标；

T——夏玉米整个生长周期，d。

5.2　PSWE 模型的基本架构

5.2.1　HLSTM 编码器

循环神经网络(Recurrent Neural Network,RNN)是一种定向连接成环的递归人工神经网络,其内部状态可分析动态时间序列,在保持内部状态的同时,将前一个样本的输出作为下一个样本输入的一部分传输到下一层,传输过程如图 5.1 所示。给定时间序列$[x_0, x_1, x_2, \cdots, x_t]$,RNN 对应输出一个序列$[h_0, h_1, h_2, \cdots, h_t]$。RNN 每次的激活函数 A_t 的数学表达式为

$$A_t = \varphi(W_{aa}A_{(t-1)} + W_{ax}x_t + b_a) \tag{5.2}$$

式中　W_{aa}, W_{ax}——RNN 中前一个输出和输入值的权重；

b_a——输入值偏差；

φ——RNN 的激活函数[①],如 S 型函数、正切函数和线性整流函数。

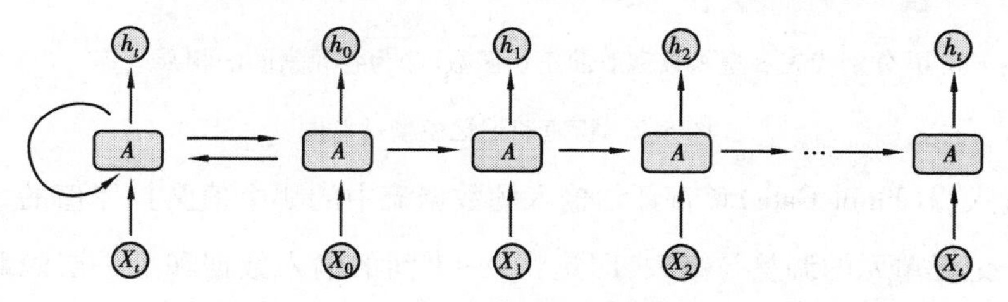

图 5.1　循环神经网络架构示意图

输出项 h_t 可计算为

$$h_t = \phi(W_{ha}A_{(t)} + b_h) \tag{5.3}$$

式中　W_{ha}——权重系数；

b_h——输出偏差；

① 激活函数具体数学建模详见附录 1。

ϕ——输出激活函数,与 φ 可以不同。

RNN 架构在输入和输出较易对齐,二者间映射变化较多(如多对多、一对多和多对一)。但 RNN 存在梯度消失和爆炸的问题,随着神经网络输入的时间序列增加,反向传播的梯度累积到爆炸或者消失,限制了神经网络捕捉长期的记忆。而基于内存的长短期记忆网络(LSTM)使用 3 个专门设计的内部逻辑门有效地解决了这个问题。LSTM 进一步发展了 RNN 的记忆机制,满足了在未知持续时间滞后的情况下对时间轨迹进行分类、处理和预测。与 RNN 相比,LSTM 构造优势在于 3 个门:输入门、遗忘门和输出门。其结构示意图如图 5.2 所示。

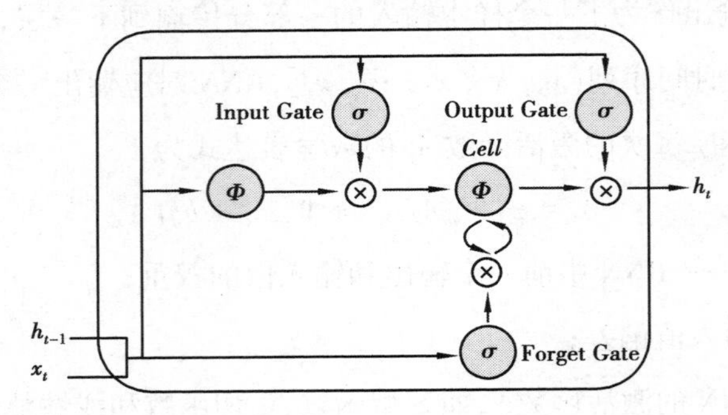

注:σ 和 Φ 分别代表 S 型函数和双曲正切函数;⊗为各元素间的相乘运算

图 5.2　长短期记忆模型示意图

输入门(Input Gate)负责评估输入的数据流中的哪个值及具体值的大小应被用于记忆单元的调整与修改,即是将 0 ~ 1 间的输入数据和上一层隐藏数据通过 S 型函数进行合并和归一化,计算式如下:

$$i_t = \sigma(x_t W_i + h_{t-1} V_i + b_i) \tag{5.4}$$

式中　i_t——时间节点 t 上的输入;

h_{t-1}——前一层隐层输出;

W_i, V_i, b_i——网络输入数据的学习权重值及输入偏差;

σ——S 型激活函数。然后使用正切激活函数对从-1 到 1 的输入门的值进行加权。

$$p_t = \Phi(x_t W_p + h_{t-1} V_p + b_p) \tag{5.5}$$

式中 W_p, V_p, b_p——与式(5.4)不同的网络输入数据学习权重值及输入偏差；

Φ——正切激活函数①。

LSTM 的输入门的最终结果用 i_t 和 p_t 点乘结果表示，即

$$i_t \otimes p_t \tag{5.6}$$

根据制订的算法判断信息是否可用，符合规则的信息被利用，否则通过遗忘门(Forget Gate)被遗忘。遗忘门通过 S 型激活函数[2] 决定被遗忘的信息及数量，可计算为

$$f_t = \sigma(x_t W_f + h_{t-1} V_f + b_f) \tag{5.7}$$

当前 t 时间点的内存状态是当前输入流与过滤后的前一个内存状态的聚合，即

$$s_t = s_{t-1} \otimes p_t + i_t \otimes p_t \tag{5.8}$$

式中 s_{t-1}——最后一个时间点 $t-1$ 的存储状态。

输出门(Output Gate)结合标准化后的数据输入和当前时间节点 t 的内存状态，通过元素式多重运算操作，可得到时间节点 t 的隐层表达式为

$$o_t = \sigma(x_t W_o + h_{t-1} V_o + b_o) \tag{5.9}$$

$$h_t = o_t \otimes s_t \tag{5.10}$$

式中 h_t——时间节点 t 的隐层输出结果。

每一个时间节点输出 o_t 与该时间节点对应的田间试验实测的土壤含水率及土壤含盐量利用 Huber Loss 函数进行损失计算，即

$$L_{\mathrm{lstm}} = \frac{1}{T}\sum_{t=1}^{T} \mathrm{huber\_loss}(o_t, y_{(\mathrm{water,salt})}) \tag{5.11}$$

利用输入(灌水量、生育期时长、土层深度及气候条件指标)与输出(土壤含水率、土壤含盐量)之间的更新与映射，提取最后一个时间节点的隐层表示 h，作为学到整个时间序列上各项指标的嵌入(embedding)，并作为 BMLP 解码器的输入项。

---

① 激活函数具体数学建模详见附录 1。

5.2.2 BMLP 解码器

通过对夏玉米生育期内所有时间节点上各指标学习,从 HLSTM 编码器得到各项指标嵌入,作为 BMLP 解码器的输入项,从而很好地捕获了生长时间序列上多变量的变化信息及其与土壤水盐动态变化间的因果关系。而利用 BMLP 解码器进一步获取土壤水盐变化与产量和水利用率之间的因果关系。HLSTM 编码器和 BMLP 解码器学习并获取 2 层递进的因果关系,更新整个 PSWE 模型,有效获取整个夏玉米生长链的多维度时间序列参变量。

层式仿射转换:递进水盐嵌入神经网络中的 BMLP 解码器是一种具有双隐含层的神经网络结构,各层间信息流的精确仿射转换至关重要。一般情况下,各层学习参数 θ 包含权矩阵 W 和偏差参数 b。BMLP 解码器第 l 隐层 h_l 表达式可定义为

$$h_l(h_{l-1}, W_l, b_l) = h_{l-1}^T W_l + b_l \tag{5.12}$$

式中 W_l, b_l——第 l 层的学习权重和偏差参数;

h_{l-1}——上一层的值。

使用层级间的更新规则,给定的输入数据通过层级的运算,最终输出结果。最后一层的隐层表达 h_l(一个 2 维向量)将与对应的田间实测产量与水利用率使用 Huber Loss 函数进行损失计算,则

$$L_{\mathrm{mlp}} = \mathrm{Huber\_loss}(h_1, y_{(\mathrm{yield,water-efficency})}) \tag{5.13}$$

5.2.3 构建 PSWE 模型

递进水盐嵌入神经网络(PSWE)通过 HLSTM 构造的编码器与 BMLP 构造解码器耦合所计算的损失,对整体模型进行协同更新,使整个 PSWE 神经网络模型能有效获取夏玉米的整个生长周期中的各项生长指标到土壤水盐动态变化,再从土壤水盐变化到产量、水利用率间的递进因果关系,以达到大幅提高预测精度的目的。

PSWE 神经网络模型最终损失函数计算值为式(5.11)与式(5.13)的平均值,即

$$L = \frac{1}{2}(L_{\mathrm{lstm}} + L_{\mathrm{mlp}}) \tag{5.14}$$

Huber Loss 函数:一般农田水利模型中广泛采用的均方根误差(Root mean square error,RMSE)和均方误差(Mean square error,MSE)作为模型精度检验,但模型在拟合时存在对数据中的异常值进行敏感拟合,故并不适合数据分布并不平滑的农田水利数据。因此,本章采用 Huber Loss 函数(也称为平滑 L1 Loss 函数)进行损失计算。同时,为了增强递进神经网络的稳定性,本书同样采用 Huber Loss 函数作为目标函数来计算梯度并实时更新 PSWE 模型。

Huber Loss 函数采用式(5.15)的分段定义,该函数本质上平衡了 RMSE 对异常值过于灵敏和平均绝对误差(MAE)对异常值的钝性,则

$$L_{\kappa}(y,\hat{y}) = \begin{cases} \frac{1}{2}(y-\hat{y})^2 & |y-\hat{y}| \leqslant \kappa \\ \kappa \cdot \left(|y-\hat{y}| - \frac{1}{2}\kappa\right) & \end{cases} \tag{5.15}$$

式中,κ 起到平衡调节作用,当损失值小于 κ 时,Huber Loss 函数会通过线性运算放大 Loss 的值;当 Loss 的值小于 1 时,Huber Loss 可以通过二次方程来降低线性运算的损失。

目前,采用随机梯度下降(SGD)作为优化器的神经网络(如常用的 BP 神经网络)在峰值处梯度比较平缓,未立即收缩或减小,并且网络中所有参数的学习速率都是统一的。与上述模型不同的是,递进水盐嵌入神经网络模型 PSWE 在模型训练过程中收敛算法采用的是优化后的 Adam 优化算法①和 Dropout 算法进行耦合后的算法,使其能够更稳定、平滑地收敛。Adam 优化算法的两个基本组成部分是动量项 v 和指数加权移动平均项 s(也称为指数损失平均值),两者通常初始值均为零。动量项 v 累积梯度元 g 减小梯度方差计算为

---

① Adam 算法优化详见附录 3。

$$v_t = \beta_v v_{t-1} + (1 - \beta_v) g_t \tag{5.16}$$

其中,累积的梯度元为

$$g = \nabla_\theta \left(\frac{1}{m} \sum_{i=1}^{m} \lambda(f(x^{(i)};\theta), y^{(i)}) \right) \tag{5.17}$$

推导得

$$v_t = (1 - \beta_v) \sum_{i=1}^{t} \beta_v^{t-i} g_i \tag{5.18}$$

式中　t——迭代步长;

β——控制当前步长下降方向梯度的卷积,$0 \leqslant \beta \leqslant 1$。

将指数加权移动平均项 s 的梯度方差累积以获得每个参数的学习速率,则

$$s_t = \beta_s s_{t-1} + (1 - \beta_s) g_t \odot g_t \tag{5.19}$$

值得注意的是,由于 v_0 和 s_0 初始值均为 0,造成大量的偏差主要倾向于小的值,为纠正这个问题,将 v_t 和 s_t 重新归一化,使所有步骤各项值总和为 1,此纠正称为偏差校正,即

$$\bar{v_t} = \frac{v_t}{1 - \beta_v^t} \tag{5.20}$$

类似有

$$\bar{s_t} = \frac{s_t}{1 - \beta_s^t} \tag{5.21}$$

通过对 v_t 和 s_t 进行偏差校正,可对神经网络参数中各元素的梯度进行调整,即

$$\bar{g_t} = \frac{\delta \bar{v_t}}{\sqrt{\bar{s_t}} + \varepsilon} \tag{5.22}$$

式中　δ——预定义的学习速率;

ε——数值稳定化且非常小的常数。

参数更新为

$$\theta_t = \theta_{t-1} - \bar{g_t} \tag{5.23}$$

至此,整个基于深度学习的递进水盐嵌入神经网络模型(PSWE)建立完成[①],此时可以根据 HLSTM 构造的编码器与 BMLP 构造的解码器中获取的 2 层递进因果关系进行迭代更新,对土壤水盐动态变化及作物生产效益进行模拟与预测。PSWE 神经网络模型架构示意图如图 5.3 所示。

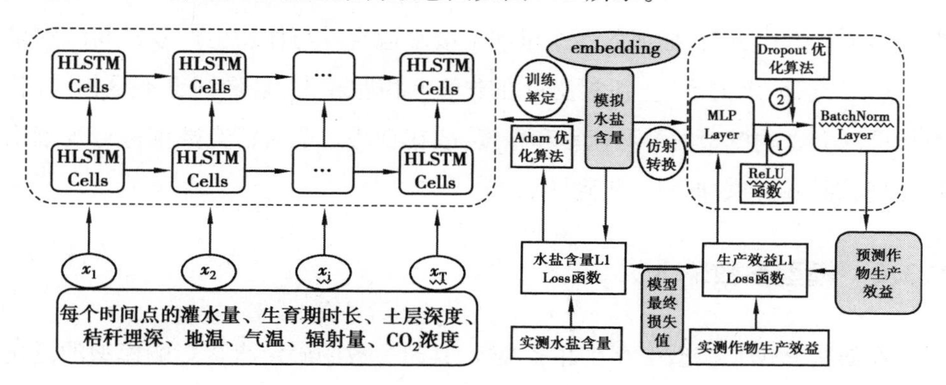

图 5.3　递进水盐嵌入神经网络架构示意图

5.3　PSWE 模型模拟条件

5.3.1　模型参数选取及样本处理

根据试验区实际情况,以秸秆深埋下不同灌水量处理的大田试验实测数据为基础,选取气候数据(在试验区设置自动气象站 HOBO-U30,每小时自动记录相关的气象数据,定期导出原始数据,整理成日气象数据,包括地温、气温、辐射量、CO_2 浓度、降水量)、灌溉条件(不同灌水量、土层深度)、生育期时长及秸秆埋深(35 cm)等 9 个参变量作为 HLSTM 编码器的输入参数(第一层次输入),探究上述参变量在时间序列上的自然发展逻辑,将其整体嵌入一个低维欧几里得空间中,模拟各时间点的土壤水盐含量(第一层次输出),并与实测的土壤水盐

① 基于深度学习的 PSWE 模型的具体算法详见附录 4 和附录 5。

含量对比,并迭代更新编码器,同时捕获各参变量在时间序列上的内在依存关系,及与土壤水盐间的因果关系(第一层因果关系)。接着,从 HLSTM 编码器获得的土壤水盐含量的数值作为 BMLP 解码器的输入(第二层次输入),预测作物产量与水分利用效率(第二层次输出),并与田间实测数据对比验证,对 BMLP 解码器进行迭代更新,捕获各参变量和土壤水盐含量与作物生产效益间的因果关系(第二层因果关系)。各参变量在数值上相差较大,且量纲也不尽相同,若直接训练会影响模型的学习速率和精度,故在训练之前对已有数据进行规范化预处理,训练时将数据归一化到[0,1]。

5.3.2 模型参数输入

在架构 PSWE 模型中存在许多参数,其超参数的确定直接影响模型的泛化能力、学习能力和快速收敛性能,主要的影响超参数是学习速率 δ,批尺寸 Batch Size 及 Dropout rate,其他大量模型内权重参数均是在模型自学习与自调试的优化过程中自动得到的。本书中使用了 10-fold cross validation 去训练与测试模型,此方法为绝大多数模型训练的默认方式,并未专门说明。另外,为防止过拟合的发生,模型的每层隐层均添加了 dropout 算法,通过随机阻断部分神经元之间的连接来提升模型的泛化性。模型利用试算估计的方法,结合实测的数据进行初步估算,将土壤水盐含量及夏玉米生产效益实测值与模拟值拟合进行粗调,逐步缩小参数取值范围,然后根据目标损失函数(Huber Loss 函数)的最终精度,对率定参数进行微调,使得土壤水盐含量及夏玉米生产效益模拟值与实测值最接近。模型调试后最终学习速率 $\delta=0.03$,Batch Size=32。

模型其他输入参数:模型模拟 0~100 cm 土壤水盐运移,每 20 cm 为一层,共分 5 层;模拟时间为夏玉米整个生育期,从 5 月 10 日—9 月 27 日,共计 140 d,时间步长为 1 d;单次灌溉量在 60~135 mm,全生育期灌溉 3 次,初始步长为 5 mm,最小步长为 1 mm,最大步长为 10 mm(模型输入的灌溉时间点按照当地灌溉时间确定,其余时间点灌溉量均为 0);其他气象参数均按照当天平均值输入;并根据模型计算的结果精度调整输入参数的步长。

5.4 模型率定与检验

5.4.1 模型率定

本书率定选取2017年和2018年田间实测样本数据作为PSWE模型训练集,采用前述方法对PSWE模型的含水率、含盐量及生产效益进行率定,并将它们与实测值进行比较,通过适当调整相关参数,重复运算,直至二者间充分接近。二者间均方根误差(RMSE)、平均绝对误差(MAE)最小及决定系数(R^2)最大,并且Huber Loss目标损失函数值最小,所得参数即为模型最终率定参数。作物生育期取有实测数据的灌水量和时间点(灌水量90 mm和120 mm,播种后第17 d和135 d)4个,进行土壤水盐含量率定和生产效益率定。模型率定模拟值与实测值如图5.4—图5.6所示。

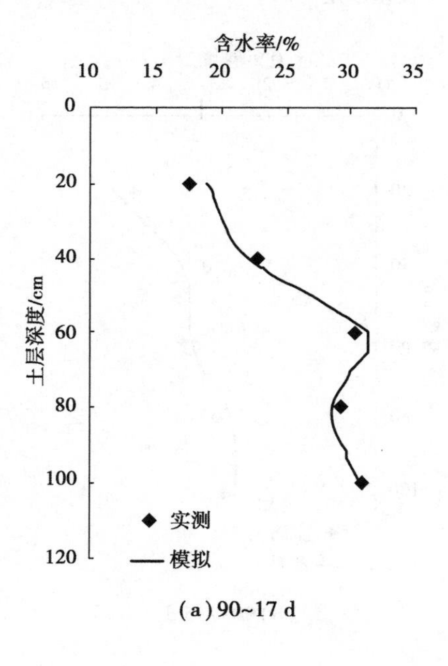

(a)90~17 d

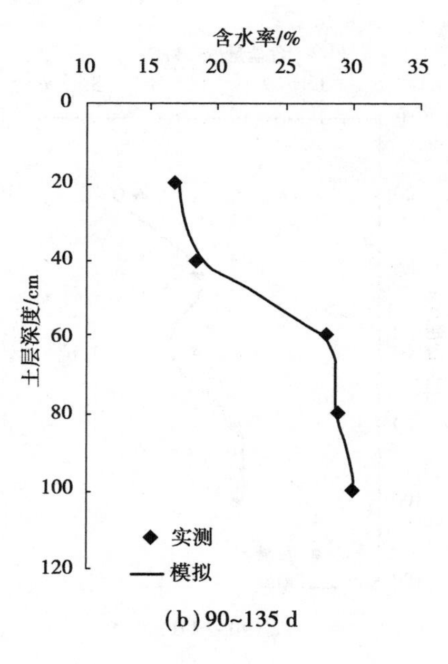

(b)90~135 d

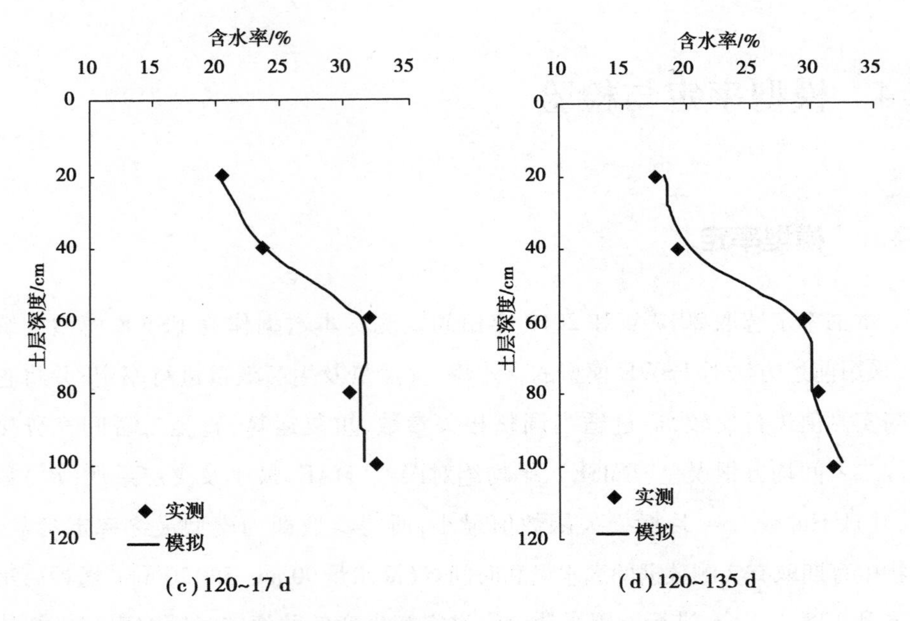

(c) 120~17 d　　(d) 120~135 d

注:90 ~ 17 d 为单次灌溉 90 mm 下播种后第 17 天,下同。

图 5.4　土壤含水率模型率定

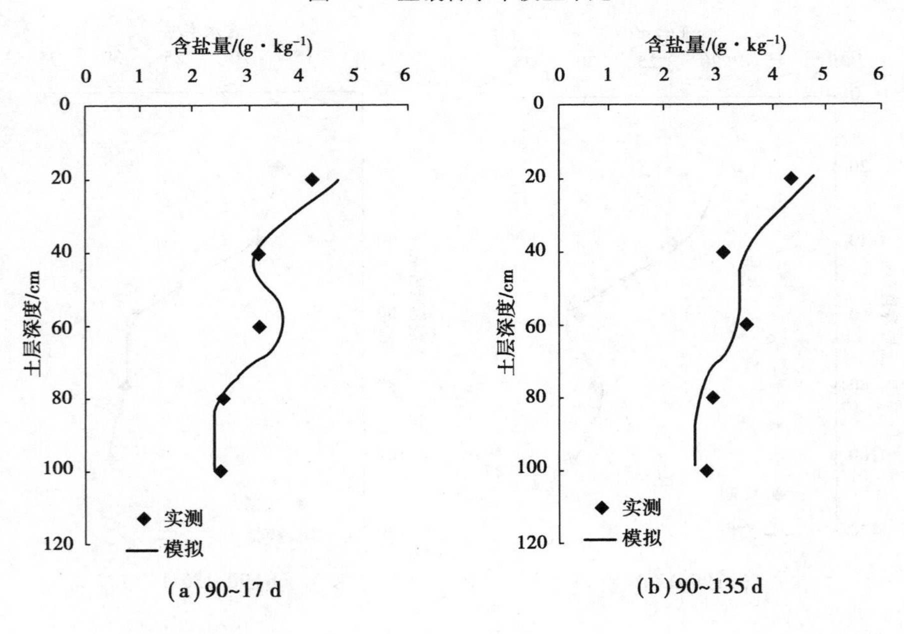

(a) 90~17 d　　(b) 90~135 d

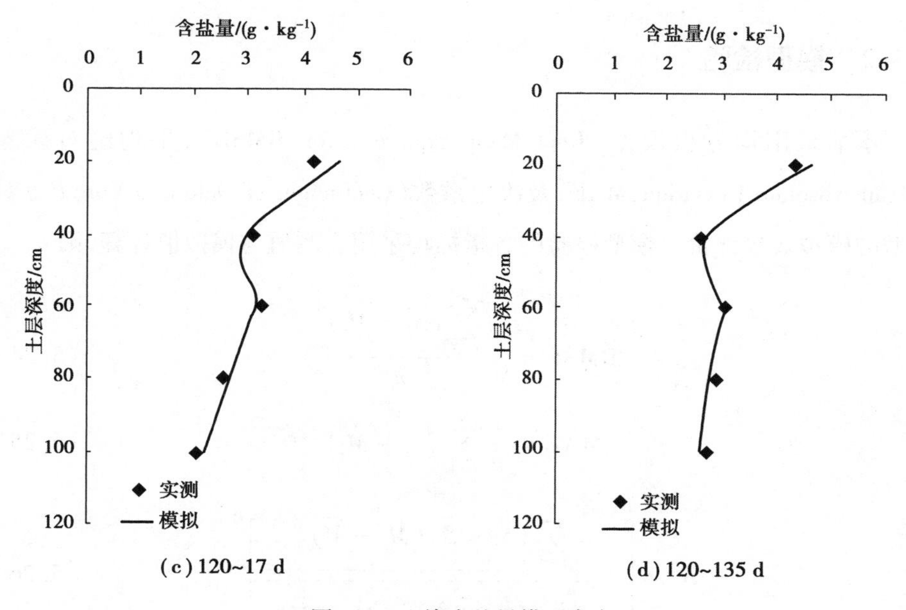

图 5.5　土壤含盐量模型率定

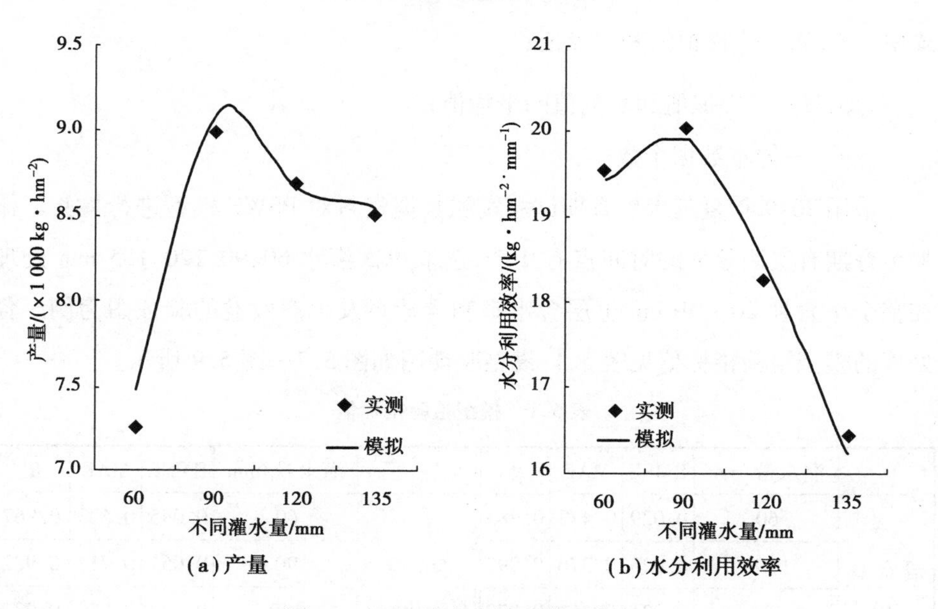

图 5.6　夏玉米生产效益模型率定

5.4.2 模型检验

本书采用均方根误差(Root Mean Square Error,RMSE)、平均绝对误差(Mean Absolute Deviation,MAE)及决定系数(Coefficient of Determination,R^2)对模型的模拟效果评价。模型检验的各指标均采用实测值与模拟值计算,则

$$\mathrm{RMSE} = \sqrt{\frac{\sum_{i=1}^{n}(S_i - M_i)^2}{n}} \tag{5.24}$$

$$\mathrm{MAE} = \frac{1}{n}\sum_{i=1}^{n}|S_i - M_i| \tag{5.25}$$

$$R^2 = \left[\frac{\sum_{i=1}^{n}(S_i - \bar{S})(M_i - \bar{M})}{\sqrt{\sum_{i=1}^{n}(S_i - \bar{S})^2 \sum_{i=1}^{n}(M_i - \bar{M})^2}}\right]^2 \tag{5.26}$$

式中 S_i, M_i——模拟值和实测值;

$\bar{S}, \bar{M}$——模拟值和实测值的平均值;

n——样本数据个数。

采用2019年夏玉米生育期试验实测数据资料对PSWE模型进行检验。作物生育期有实测数据的时间点有9个,选取单次灌水60,90,120,135 mm处理在整个生育期20~40 cm土层含水率和含盐量及生产效益的验证图为例。各处理的模型检验指标值见表5.1,模型验证图如图5.7—图5.9所示。

表5.1 模型检验指标值

	灌水量/mm	RMSE	MAE	R^2		灌水量/mm	RMSE	MAE	R^2
含水率/%	60	0.029	0.473	0.983	含盐量/(g·kg^{-1})	60	0.045	0.623	0.967
	90	0.023	0.376	0.992		90	0.051	0.712	0.982
	120	0.031	0.461	0.979		120	0.042	0.579	0.931
	135	0.033	0.579	0.969		135	0.062	0.748	0.957
产量/(kg·hm^{-2})		0.030	0.477	0.981	WUE/(kg·hm^{-2}·mm^{-1})		0.033	0.485	0.977

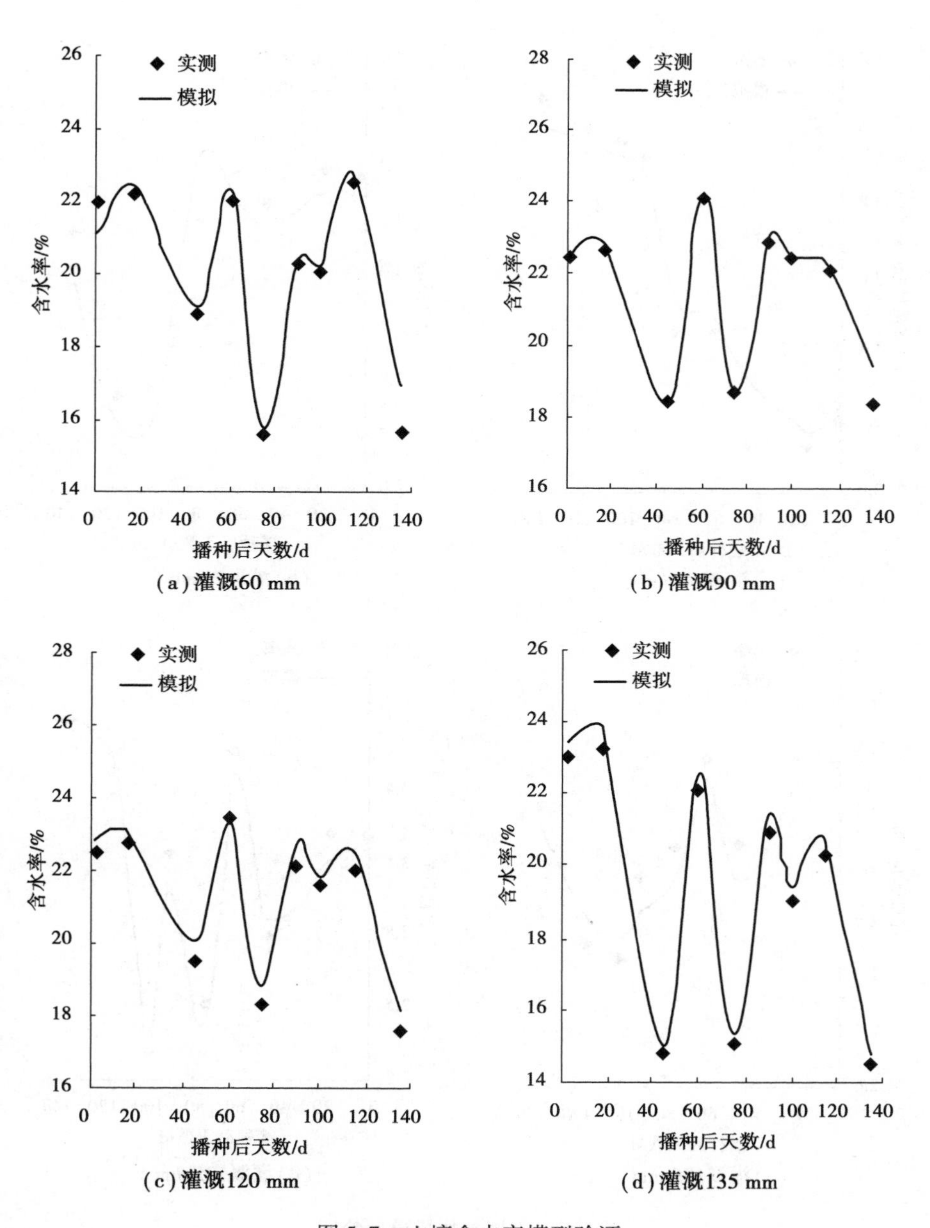

图 5.7 土壤含水率模型验证

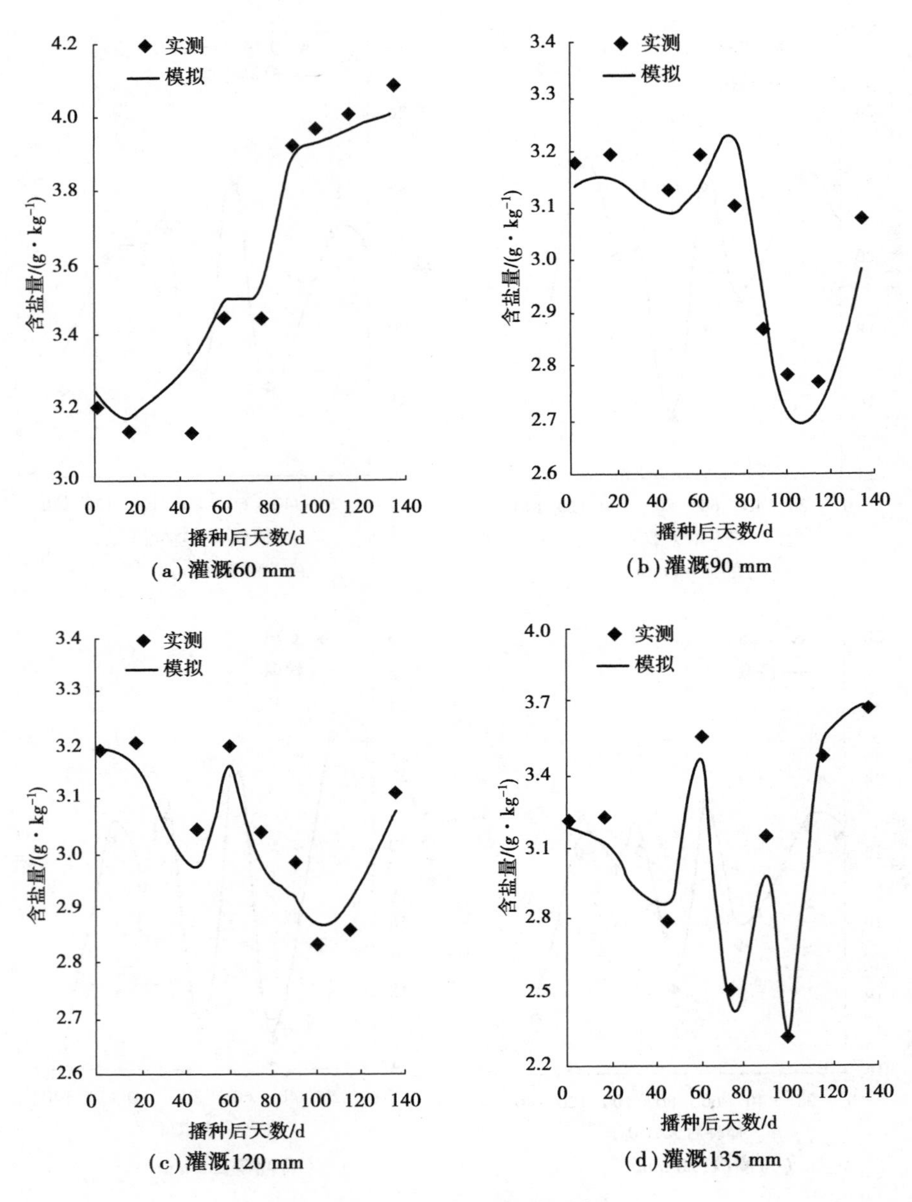

图 5.8　土壤含盐量模型验证

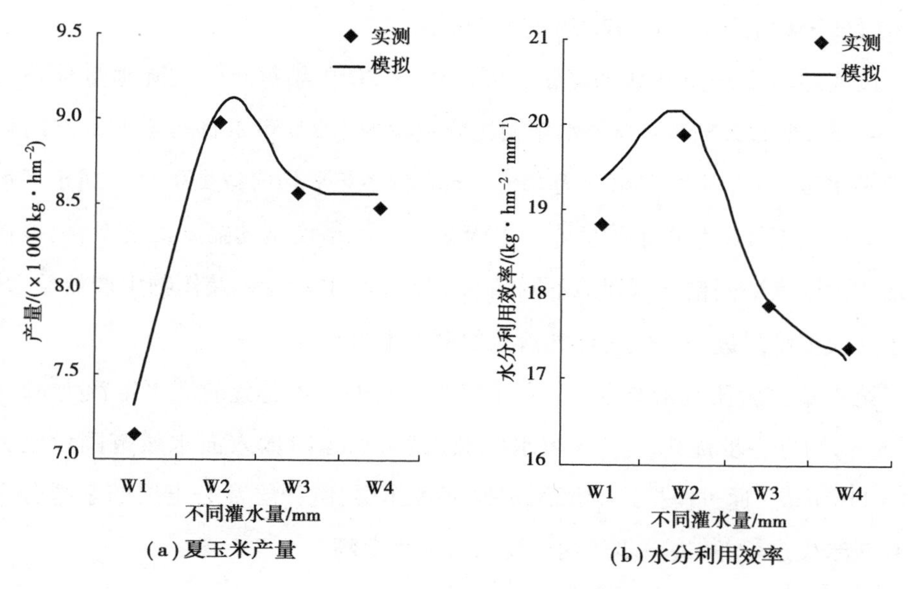

(a)夏玉米产量

(b)水分利用效率

图 5.9　夏玉米生产效益模型验证

分析表 5.1 和图 5.7—图 5.9 可知,土壤含水率模拟值与实测值拟合程度较好,表现出较好的误差收敛性,土壤含盐量模拟结果相对稍差一些,但仍在误差范围内,这种偏差的出现,可能是由于土壤蒸发与作物蒸腾过程中水盐间强烈的互作效应,且盐分的时空变异性远大于水分时空变异性导致,但总体模拟结果仍可有效反映土壤水盐运移及作物生产效益的变化趋势,模拟结果可以接受。模型整体检验的 RMSE 为 0.029,MAE 为 0.570,决定系数 R^2 为 0.981。因此,PSWE 模型可满足灌区秸秆深埋和不同灌水下土壤水盐运移模拟的需求,可用于实际模拟。

5.5　基于 PSWE 模型的土壤水盐运移及夏玉米生产效益模拟

根据《巴彦淖尔市水资源公报》,临河区多年平均的降雨量为 156.8 mm 时属于平水年。当年均降雨量超过多年平均降雨量 10% 时属于丰水年,低于

10%时属于枯水年,介于二者之间为平水年。

试验站微型气象站数据显示,2017,2018,2019 年每年年均降雨量分别为 145.4,153.6,169.8 mm,与平水年相比分别减少 7.3%和 2.0%、增加 8.3%,均属于平水年。3 年平均降雨量为 156.3 mm,较多年平均值减少 0.1%,属于平水年。故取 3 年气象数据平均值作为 PSWE 神经网络模型的输入参变量,模拟在平水年多因素协同秸秆深埋的不同灌水量下土壤水盐运移及作物生产效益,并基于此模拟结果进一步优化秸秆覆盖的夏玉米灌水定额。

第 4 章试验研究成果显示,秸秆深埋下夏玉米较适宜的灌水定额为 82 ~ 111 mm,为进一步优化夏玉米灌水定额,模型模拟时输入灌水量范围设定为 80 ~ 110 mm。通过模拟连续灌水定额下耕作层、秸秆层及心土层的水盐分布及夏玉米生产效益,进一步优化出夏玉米灌水定额。

5.5.1 多因素协同秸秆深埋下不同灌水量对土壤含水率的影响

多因素影响下不同灌水量的秸秆深埋土壤含水率模拟如图 5.10 所示。各土层含水率随着灌水量的增加呈不同程度的增加趋势。

耕作层含水率在一水前无显著差异,一水后耕作层含水率均显著增大,较一水前提高 14.2% ~36.3%,且增幅随灌水量增大而增大。二水和三水变化趋势与一水前后类似,二水后较二水前耕作层含水率提高 23.8% ~40.4%,三水后较三水前耕作层含水率提高 32.3% ~53.7%。由此说明,随生育期推移,土壤蒸发和作物蒸腾作用增强,灌水前耕作层含水率下降较大,灌溉补水显著提高耕作层含水率,且增幅随灌水量增大呈先降后增的趋势,这也说明适宜灌水量下耕作层含水率变幅较小,能够保持耕作层含水率稳定。二水前和三水前的土壤含水率较一水前下降 4.3% ~13.4%,降幅随着灌水量的增大而增大。二水后和三水后土壤含水率变化趋势与一水后类似,但增幅逐渐减小。收获后,土壤含水率较一水前降低 1.1% ~20.2%,降幅随着灌水量的增大呈先大后小的趋势,可能是因为大灌水量下,反复灌溉-强蒸发作用对秸秆-土壤连续体产生一定程度破坏,降低秸秆层蓄水作用。在结合含水率模拟图分析,当灌水量在 90 ~ 105 mm 时,收获后耕作层含水率与一水前无显著差异,在整个生育期此区间灌水量的耕作层含水率比较平稳。在小于 90 mm 或大于 105 mm 灌水量,收获后含水率显著降低,并且在生育期内耕作层含水率变幅较大,造成耕作层或旱或涝,影响作物根系生长,对作物生长不利。

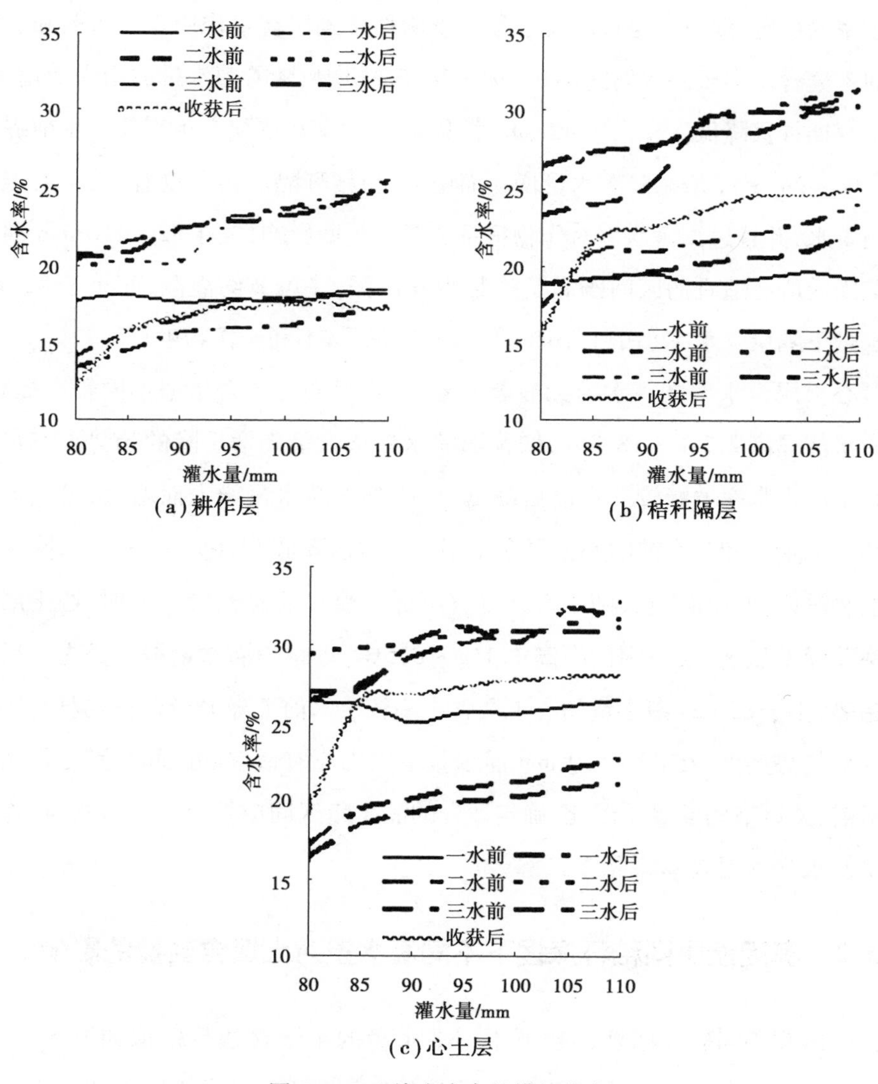

(a) 耕作层

(b) 秸秆隔层

(c) 心土层

图 5.10　土壤含水率的模拟分布

秸秆隔层含水率在一水前含水率无显著差异,一水后隔层含水率显著增大,较一水前提高39.7%～57.3%,且增幅随灌水量增大而增大。虽然二水、三水后隔层含水率较灌水前分别显著提高29.4%～47.3%和14.4%～32.1%,但增幅随灌水量的增大呈先增后降的趋势,且随着生育期的推移,灌水后提高隔层含水率的幅度下降。说明适宜灌水量下隔层含水率变幅较小,能够保持隔层含水率的稳定,灌溉不足或灌溉过量均影响秸秆隔层蓄水作用。二水前和三水前的土壤含水率较一水前提高0.1%～16.5%,增幅随着灌水量的增大而增大,随生育期推移降低。在大于82 mm灌水量下,收获后隔层含水率较一水前提高11.9%～24.3%,增幅随灌水量增大而增大,但秸秆隔层蓄水量有限,不可能无限制蓄水,并且过高含水率对作物根系会产生负面影响,故在82～110 mm灌水量范围内应有适宜的区间既满足作物生长所需,又可节约灌溉;而小于82 mm灌水量下隔层含水率小于15.6%,秸秆隔层偏旱,不利于作物生长。

心土层含水率在一水前无显著差异,一水后心土层含水率不同程度提高,较一水前提高2.2%～18.9%,增幅随灌水量增大呈先增后降的趋势。三水前后心土层含水率增幅较二水前后降低,增幅都随灌水量增大而增大,增幅逐渐减小。二水前和三水前的心土层含水率较一水前降低14.6%～38.5%,降幅随着灌水量的增大而降低,随生育期推移降低。灌水量大于85 mm时,心土层含水率差异不显著,较一水前提高1.1%～8.5%,增幅随灌水量增大呈先大后小的趋势;小于85 mm灌水量的心土层含水率较一水前下降18.5%。与秸秆隔层含水率趋势类似,在85～110 mm灌水量范围内应有适宜的区间既满足作物生长所需,又可节约灌溉。因此,确定适宜的灌水量区间应结合土壤含盐量、作物产量及水分利用效率综合分析。

5.5.2 多因素协同秸秆深埋下不同灌水量对土壤含盐量的影响

多因素协同秸秆深埋影响下不同灌水量的土壤含盐量模拟如图5.11所示。与土壤含水率变化规律相比,土壤含盐量随着灌水量增加的差异性较大。

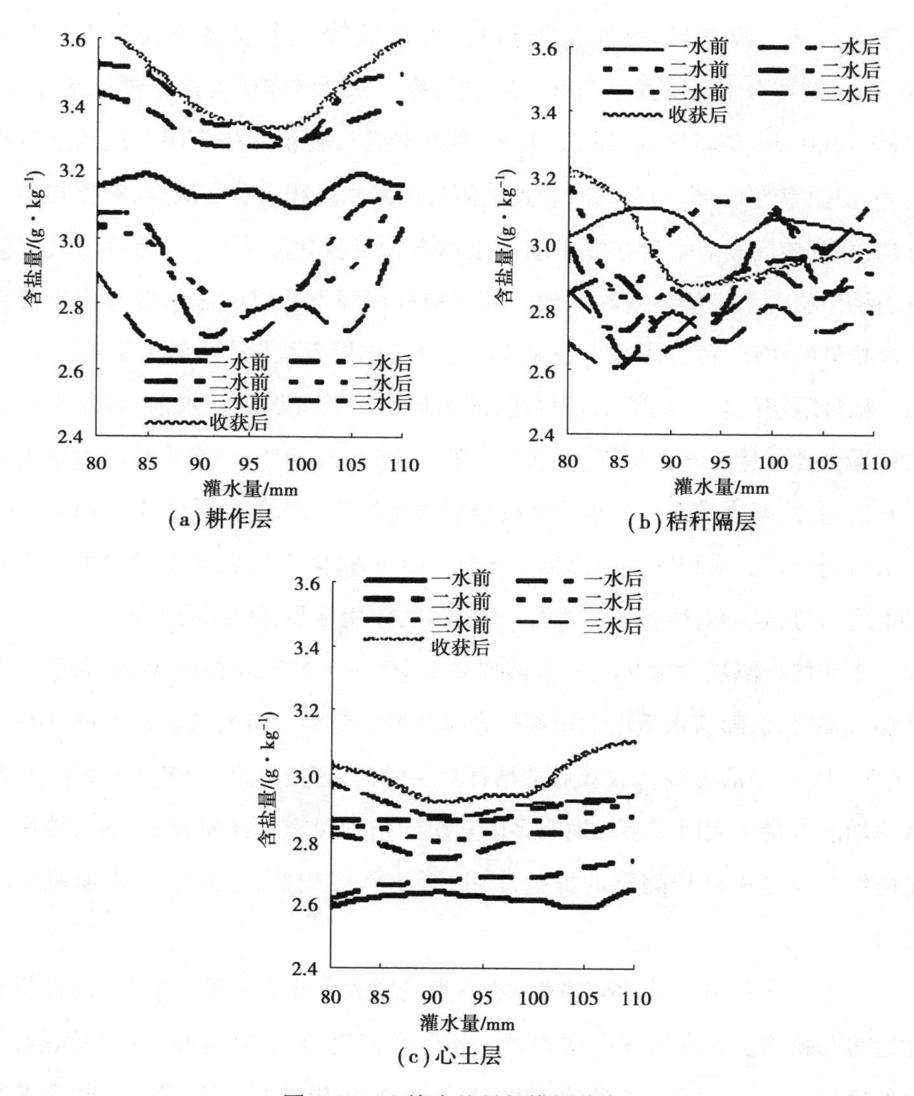

图 5.11　土壤含盐量的模拟分布

耕作层含盐量在一水前无显著差异，一水后耕作层含盐量均不同程度增大，较一水前降低 1.3% ~11.6%，降幅随灌水量增大呈先增后降的趋势。二水和三水前后分别降低 7.3% ~15.2% 和 13.2% ~22.9%，随生育期推移降幅逐渐增大，随灌水量增大呈先增后降趋势。二水前和三水前耕作层含盐量较一水前提高 4.2% ~11.8%，增幅随着生育期推移而增大，随灌水量增大增幅呈先增后降的趋势。收获后，耕作层均积盐，含盐量较一水前显著提高6.3%~16.1%，随着灌水量增大呈先增后降的趋势。分析耕作层含盐量模拟图发现，在89~100 mm灌溉区间[图5.11(a)中的虚线]，收获后耕作层含盐量差异不显著，积盐率为6.4%~8.6%，较此区间外的灌水量积盐显著减少，对作物生长有利，并且该区间灌水量在灌水前后土壤含盐量变化较平稳，这与该区间灌溉量的耕作层含水率趋势基本一致。说明秸秆深埋下适宜的灌水量有稳持耕作层含盐量的作用，过大或过小灌水量均会对耕作层含盐量产生较大影响。

秸秆隔层的含盐量灌水前积盐，灌水后均显著降低。一水前，各灌水量的秸秆隔层含盐量差异不显著，一水后下降3.3%~11.4%，随灌水量增大呈先降后升的趋势，幅度较小。二水后秸秆隔层含盐量较二水前降低8.2%~13.6%，三水后隔层含盐量较三水前降低4.8%~10.6%，降幅均随灌水量增大呈先降后增的趋势，且随着生育期的推移，土壤蒸发作用强烈，降幅逐渐变小。二水前和三水前秸秆隔层含盐量较一水前提高1.9%~6.6%，增幅较小，随着生育期推移增幅增大，随灌水量增大增幅呈先降后增的趋势。当灌水量大于86 mm时[图5.11(b)中的虚线]，收获后的秸秆隔层脱盐，脱盐率为1.3%~8.5%，且脱盐率随灌水量增大而减小。说明多因素协同秸秆深埋耕作模式下，适宜的灌水量能够充分发挥秸秆隔层的抑盐作用，缓解隔层积盐，达到生育末期脱盐的效果。

心土层含盐量变化比较平稳，随灌水量增大呈先高后低的趋势，含盐量变化趋势与耕作层和隔层均存在差异。整个生育期，灌水前后心土层均积盐，积盐幅度较小。一水前，各灌水量的心土层含盐量差异不显著，一水后提高0.7%~3.2%，随灌水量增大而增大，幅度较小，无显著差异。二水后心土层含盐量较二水前提高0.7%~2.2%，三水后隔层含盐量较三水前提高0.3%~3.9%，增幅均随灌水量增大而增大，并且随生育期推移，土壤蒸发作用强烈，增幅逐渐增大。这是因为灌溉后部分土壤水入渗到心土层，但土壤蒸发时因为隔层的阻碍作用，切断了水分上移通道，导致盐分逐渐在心土层累计，并且灌水量越大,带入的盐分越多,含盐量越大。二水前和三水前心土层含盐量较一水前提高 4.2% ~12.4% ,随着生育期推移增幅增大,增幅随灌水量增大呈先降后增的趋势。心土层含盐量随着生育期推移逐渐增大,在 2.6 ~3.1 g/kg,收获后含盐量最大,较一水前积盐 11.0% ~18.5% ,积盐随着灌水量增大呈先降后增的趋势。分析心土层含盐量模拟图可知,在 89 ~99 mm 灌溉区间[图 5.11(c)中的虚线]收获后心土层含盐量差异不显著,较一水前积盐率为 11.0% ~ 11.8% ,较区间外灌水量的心土层积盐率显著降低,并且该区间内心土层含盐量变化较平稳,在 2.92 ~2.95 g/kg,这对耕作层含盐量的稳定具有积极的作用,从含盐量角度说明适宜灌水量的秸秆隔层的抑盐作用,心土层积盐,但能稳定心土层的含盐量。

5.5.3 夏玉米产量及水分利用效率的模拟

夏玉米产量和水分利用效率模拟结果如图 5.12 所示。可知,秸秆深埋下夏玉米产量及水分利用效率均随着灌水量增大呈先增后降的趋势,灌溉区间在 80 ~89.3 mm 时,水分利用效率逐渐增加,在灌溉 89.3 mm 时,达到峰值(图 5.12 中左边的虚线),为 21.3 kg/(hm^2 · mm),此时夏玉米产量仍处在增加阶段,未到达最大值;灌溉区间在 89.3 ~96.8 mm 时,水分利用效率开始下降,产值在灌溉量 96.8 mm 达到峰值(图 5.12 中右边的虚线),为 9 191 kg/hm^2;当灌溉区间在 96.8 ~110 mm,二者均下降。

通过不同灌水量下水盐含量变化分析,土壤含水率在灌水量大于 85 mm 时,含水率较平稳,利于作物生长,及土壤含盐量在灌水量 89 ~100 mm 时,收获后各层土壤含盐量变化较平稳,耕作层(3.34 ~3.39 g/kg)及心土层(2.92 ~ 2.95 g/kg)均积盐,秸秆隔层有脱盐趋势,因夏玉米产量和水分利用效率达到峰值所对应的灌水量不同,需综合考虑三者间互馈作用,故取二者对应峰值灌水量范围作为多因素协同秸秆深埋下夏玉米较适宜的单次灌水量,即 89.3 ~ 96.8 mm,并将此灌水量、理论产量、水分利用效率及其他相应夏玉米生育期参

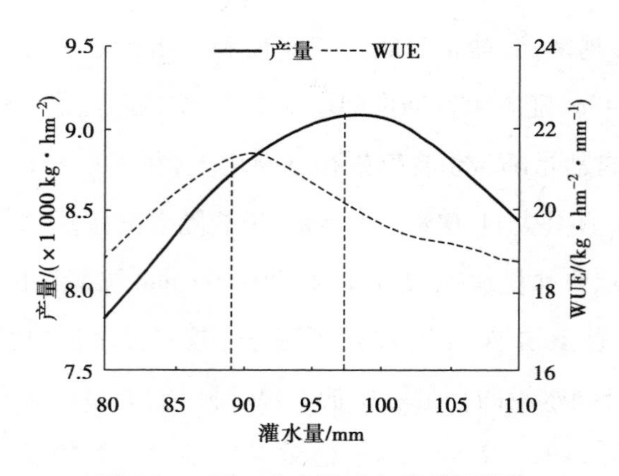

图 5.12　夏玉米产量及水分利用效率

数带入模型,反推耕作层理论含盐量为 1.38 ~ 1.55 g/kg。

5.6 本章讨论与小结

5.6.1 讨论

土壤水盐分布、作物生产效益与耕作措施、灌水量、气象条件等多因素间存在复杂的非线性关系,研究这种多因素间的因果关系对土壤水盐运移及提效增产有着重要的现实意义。余世鹏等基于模糊神经算法建立的水盐最优预测模型有效地模拟了中长期水盐动态变化,预测误差降低了 30% 以上。刘全明等基于 BP 神经网络模型预测区域耕地耕作层的水盐动态,均方误差在 1.7% ~ 5%;本研究基于 HLSTM 编码器与 BMLP 解码器耦合构建秸秆深埋下多因素非线性的 PSWE 神经网络模型,有效模拟了多因素变量与水盐变化、夏玉米生产效益间的 2 层递进因果关系,模型均方根误差为 0.029,平均绝对误差 MAE 为 0.570,平均决定系数 R^2 为 0.981。PSWE 神经网络模型具有较高的精度,可实现河套灌区多因素协同及秸秆深埋下 0 ~ 100 cm 土层水盐分布及夏玉米生产效益的模拟。由模型训练可知,随土层深度加深模拟精度有所降低,并且土壤含盐量模拟结果相对稍差一些。可能是因为一方面模型训练时约束条件较少，未考虑土壤理化性质、渗漏等影响；另一方面腾发过程中土壤水盐间的互作效应强烈，并且盐分时空变异性远大于水分时空变异性。后期研究可通过这部分因素的改进进一步提高模型模拟与预测的精度。

不同土壤结构及其质地均匀性改变了土壤水入渗形式，显著影响土壤水入渗。秸秆覆盖耕作措施的土壤水蓄纳随作物生育期推移改变，且作物生长前期蓄水后期供水，这与本研究结果存在差异。本研究在多因素协同秸秆深埋与不同灌水量多重交互作用下，耕作层土壤含水率随地面灌溉或有效降雨而增大，但不同灌水量的整个试验土层的含水率变化趋势不一致。夏玉米秸秆质地粗糙，深埋后形成秸秆隔层的上下界面与均质土壤（粉沙壤土）间的界面存在空隙差，且秸秆内部也存在较多空隙，造成秸秆隔层导水率与原土壤存在差异，进而影响土壤水入渗。另外，因土壤入渗水需先达到秸秆隔层蓄纳水量才能继续下渗至心土层，导致在隔层与土壤交界面形成的优先流水分短时间内很难进入心土层，引起优先流运移的不均匀。随着灌水量的增大，灌溉水充分溶解耕层盐分，与心土层形成不连续的水分运移架构，形成的溶液量超出隔层蓄纳量，进入心土层，最后形成连续水分运移通道，灌水量越大进入心土层的盐溶液越多，土壤水入渗趋于稳定，达到部分淋盐效果；腾发作用下的耕作层土壤水分逐渐减少，心土层土壤水上移补充，但秸秆形成的阻隔层，阻断心土层土壤水分通过毛管上移至耕层的通道，切断蒸发补给，抑制深层土壤盐分上迁，导致心土层积盐，且灌水量越大积盐越多。此时，秸秆隔层储蓄的水分在腾发作用下逐步释放补给作物，从而在一定程度上稀释了土壤溶液的浓度，淡化根层。同时，隔层蓄水量是一定，灌水量增大，对隔层扩容效果无显著影响。

研究指出，秸秆夹层能够抑制深层土壤返盐且抑制耕层盐分表聚，这与本研究的结果有差异，该研究仅分析秸秆夹层抑盐的作用，未考虑灌水量等影响因素。本研究发现，灌溉80 mm的耕作层积盐，表层盐分聚集较多，因持续腾发作用，耕作层水分损失严重，溶液浓度增大；当灌水量大于86 mm时，秸秆隔层可显著抑制耕作层盐分表聚,抑制心土层返盐,这与李芙荣等的研究结果类似,此时表聚盐分主要来源是耕层及灌溉水的盐分,进而在一定程度淡化根系层;模拟结果表明,当灌水量大于 86 mm 时,收获后的秸秆隔层脱盐,脱盐率为 1.3% ~8.5% ,并且脱盐率随灌水量增大而减小。

水盐胁迫是危害盐渍地作物生长的关键因素,适宜含盐量有利于增强作物耐盐适应性,促进作物生长,但大水灌溉对作物生理性状及产量产生负面影响,这与本研究模拟结果基本一致。结果表明,多因素协同秸秆深埋的夏玉米适宜单次灌水量为 89.3 ~96.8 mm,通过模型反算此时耕作层理论含盐量为 1.38 ~ 1.55 g/kg。

5.6.2 小结

针对河套灌区秸秆深埋下土壤水盐变化复杂,及现有土壤水盐运移模型边界条件和数值计算繁杂、可操作性差、运用受限等方面的不足,本书基于深度学习理论及技术建立了递进水盐嵌入神经网络模型(PSWE),并模拟了灌区秸秆深埋、灌水量等综合因素下土壤水盐运移,预测了夏玉米产量和水分利用效率,得到以下结论:

①PSWE 模型通过多变量整体协同分析,探究多因素在时间序列上的自然发展,并对秸秆深埋、不同灌水量等因素下土壤水盐运移时空变异规律进行模拟,经实测数据验证表明,模型具有较高精度,模型整体检验的 RMSE 为 0.029,MAE 为 0.570,决定系数 R^2 为 0.981,能够有效表征夏玉米自然生长的综合条件、土壤水盐运移与夏玉米生产效益三者间双层递进因果关系,可用于灌区水盐运移规律模拟。

②模型模拟结果表明,秸秆深埋与不同灌水量对土壤含水率及含盐量影响显著,整个土体的含水率随灌水量增大而增大。耕作层和秸秆隔层含盐量随着灌水量增大呈先减后增趋势,耕作层积盐;在收获期,秸秆隔层在灌水量大于 86 mm 时脱盐,随灌水量增大脱盐率逐渐降低;不同灌水量的心土层均积盐。

③秸秆深埋下,夏玉米产量及水分利用效率随灌水量增大均呈先增后降的趋势,二者达到峰值时的灌水量不同。经综合分析认为,河套灌区夏玉米种植的优化单次灌水量为 89.3 ~ 96.8 mm,生育期灌 3 水,耕作层含盐量调控在 1.38 ~ 1.55 g/kg。

6 秸秆覆盖-施氮耦合对土壤养分时空分布规律的影响

通过分析国内外研究进展发现,秸秆还田改变了土壤理化性质及结构,并且秸秆覆盖方式与土壤养分的相关性较大。因此,开展秸秆覆盖-施氮耦合的田间试验,以此作为切入点,分析二者耦合对土壤养分时空分布的影响,从土壤养分角度提出优选的秸秆覆盖方式以及较优的夏玉米施氮量。为河套灌区的作物秸秆全面资源化利用、缓解农田环境氮污染提供技术支撑和理论依据,并丰富秸秆还田技术及理论。

6.1 秸秆覆盖-施氮耦合对土壤硝态氮分布的影响

6.1.1 秸秆覆盖-施氮耦合对土壤剖面硝态氮含量的影响

研究期夏玉米各处理土壤 NO_3^--N 含量时空分布如图 6.1、图 6.2 所示。试验结果表明,两年相应处理的土壤 NO_3^--N 含量分布变化趋势基本一致。

拔节期,从秸秆覆盖方式看,秸秆表覆处理显著提高 0 ~20 cm 土层 NO_3^--N 的含量,在 0 ~20 cm 土层的 NO_3^--N 含量最大,以 BN3 处理含量最大,较 SN3 和 CK 处理土壤 NO_3^--N 含量平均提高 45.3% 和 13.8%;秸秆表覆处理随土层深度加深而逐渐降低,但在大于 80 cm 土层除了 BN0 处理,其他 3 个处理有增大的趋势。秸秆深埋处理显著提高 20 ~40 cm 土层 NO_3^--N 的含量,在 20 ~40 cm 土层 NO_3^--N

含量最大，以 SN3 处理含量最大，较 BN3 和 CK 处理的土壤 NO_3^--N 含量平均提高了 44.9% 和 26.1%；秸秆深埋处理随土层加深呈现先增后减的趋势，但在大于 80 cm 土层有小幅增大的趋势。从施氮水平看，各处理 NO_3^--N 含量均随施氮量增加而增加，主要集中分布在 0～60 cm 土层，占试验土体 0～100 cm 土层 NO_3^--N 含量的 60.7%～75.4%，并且随施氮量的增加而增大。CK 处理土壤 NO_3^--N 含量随土层深度加深而逐渐减小，减幅较缓，但大于 80 cm 土层有增加的趋势。

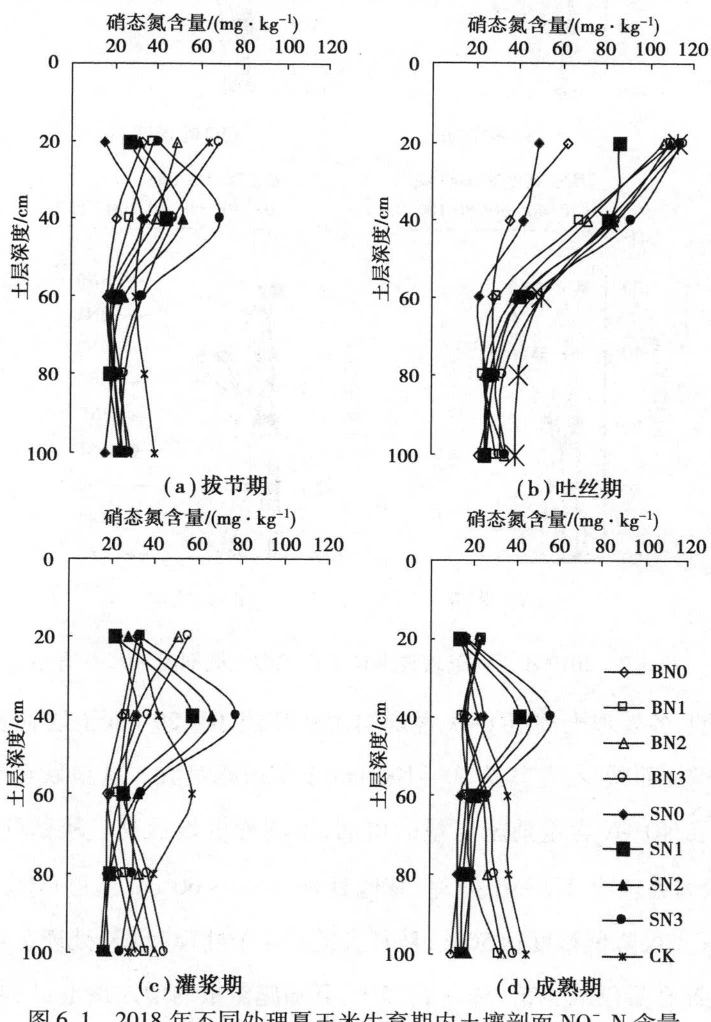

图 6.1　2018 年不同处理夏玉米生育期内土壤剖面 NO_3^--N 含量

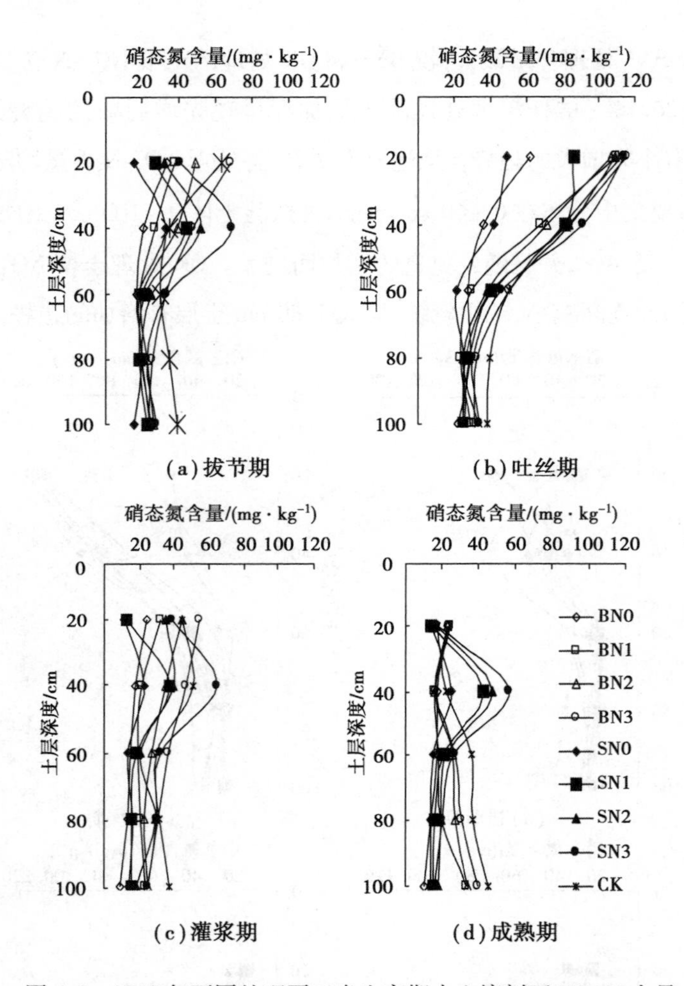

图6.2　2019年不同处理夏玉米生育期内土壤剖面 NO_3^--N 含量

吐丝期,各处理土壤 NO_3^--N 含量均达到峰值,0～20 cm 土层含量最高,随土层深度增加而减少,尤其是80～100 cm 土层减幅最大。从施氮水平看,各处理不同土层 NO_3^--N 含量随施氮量的增加,不同程度地提高。从秸秆覆盖方式看,秸秆深埋处理中,除 SN0 处理,其他处理在40～60 cm 土层 NO_3^--N 含量较20～40 cm 土层降低幅度达50%,秸秆表覆的4个处理和 CK 处理在40～60 cm 土层 NO_3^--N 含量仅减少5.2%～12.5%,且随施氮量的增加该土层 NO_3^--N 含量下降幅度有所增加。SN2 和 SN3 处理在40～60 cm 土层 NO_3^--N 含量较 CK 平均降低25.1%和15.0%，而BN2和BN3处理较CK仅降低4.6%和1.6%。说明低施氮水平下NO_3^--N迁移比较缓慢，高氮水平促进了NO_3^--N在土壤剖面累积，导致NO_3^--N快速下移，但秸秆深埋形成阻隔层减缓了NO_3^--N下移，积累在隔层附近，减少了往深层土壤迁移的NO_3^--N。

灌浆期，各处理土层的NO_3^--N含量较吐丝期显著降低。从不同秸秆覆盖方式看，秸秆表覆处理土壤NO_3^--N含量随土层深度加深呈先减后增趋势，秸秆深埋处理随土层深度加深呈先增后减趋势，而CK处理随土层深度增加逐渐减小。从不同施氮水平看，各处理土壤NO_3^--N含量均随着施氮量的增加而增加。同一施氮水平下，在0~20 cm土层，秸秆表覆处理土壤NO_3^--N含量较秸秆深埋处理平均提高了49.3%~95.8%，并且施氮量越小，增幅越大，BN3较CK处理提高54.2%；在20~40 cm土层，秸秆深埋处理土壤NO_3^--N含量较秸秆表覆处理平均提高32.4%~83.8%，并且提高幅度随施氮量增加而先增后减。在大于40 cm土层，秸秆深埋的NO_3^--N含量显著降低。

夏玉米进入成熟期0~20 cm土层NO_3^--N含量显著下降，施氮处理间差异变小。BN0处理0~20 cm土层NO_3^--N含量较CK降低3.5%，BN1，BN2，BN3处理较CK分别提高5.5%，11.4%，19.7%，而在20~40 cm土层却较CK降低2.2%~29.1%。秸秆深埋处理NO_3^--N含量在表层较CK降低5.3%~21.8%，在20~40 cm土层较CK处理提高6.5%~29.7%。在大于40 cm土层NO_3^--N含量随土层加深，秸秆表覆和CK处理有增加趋势，而秸秆深埋各处理逐渐降低。说明秸秆表覆和CK盈余的氮素在成熟期逐渐迁移到深层土壤，而秸秆深埋形成的隔层将部分氮肥吸附在根层，提高氮肥利用效率，减少氮素向土壤深层迁移。

6.1.2 秸秆覆盖-施氮耦合对收获后土壤硝态氮积累量的影响

随着夏玉米生育期推进，各处理的土壤NO_3^--N含量均呈现先增后降的趋势,在吐丝期达到峰值,然后随着夏玉米生长的吸收利用、土壤吸附及土壤水运移到深层土层而逐渐降低,在收获期含量最低。夏玉米收获后 0 ~ 100 cm 土层的 NO_3^--N 平均累积量见表 6.1。

表 6.1　夏玉米收获后各处理 NO_3^--N 的平均累积量

处理	土层深度/cm					合计
	0 ~ 20	20 ~ 40	40 ~ 60	60 ~ 80	80 ~ 100	
CK	46.65c	64.57d	46.79d	55.52g	32.23e	245.76f
BN0	45.78c	30.12a	25.18b	19.54c	10.25ab	130.87a
BN1	57.13d	35.91b	29.85bc	28.14d	13.47b	164.49c
BN2	71.04e	49.76c	38.55d	32.11e	21.94c	213.39e
BN3	77.90f	53.03c	46.33d	36.89f	25.82d	239.97e
SN0	27.87a	57.23cd	19.76a	12.42a	8.78a	126.06a
SN1	28.79a	71.04e	21.79a	15.17b	9.37a	146.16b
SN2	32.93ab	85.06f	27.67b	27.65d	15.22b	188.53d
SN3	36.88b	97.16g	32.98c	30.62de	20.43c	218.07e

分析表 6.1 可知,各处理的土壤 NO_3^--N 含量平均在 146.16 ~ 252.9 kg/hm^2,随施氮水平提高而增加,高氮水平处理累积量最大,较 CK 平均降低 6.8%。随土层深度加深,秸秆深埋各处理的 NO_3^--N 累积量呈先增后降趋势,显著提高 20 ~ 40 cm 土层 NO_3^--N 累积量,较秸秆表覆和 CK 平均提高 50.5% ~ 97.8%;秸秆表覆处理随土层加深呈降低趋势,显著提高 0 ~ 20 cm 土层 NO_3^--N 积量,较秸秆深埋和 CK 平均提高 64.3% ~ 115.7%;CK 处理的 NO_3^--N 累积量分布呈波状,各土层无聚集现象,随土层深度加深呈降低趋势。在 40 ~ 100 cm 土层 NO_3^--N 平均累积量 CK 处理最高,秸秆表覆处理次之,秸秆深埋处理最低;在大

于80 cm 土层,秸秆深埋和秸秆表覆处理 NO_3^--N 累积量分别较 CK 平均降低 19.9% ~68.2%,说明秸秆覆盖在一定程度上可显著减少深层(大于80 cm 土层)土壤 NO_3^--N 累积量,同时也降低了 NO_3^--N 随土壤水向深层土壤淋失的风险,秸秆深埋效果较好。

6.2 秸秆覆盖-施氮耦合对土壤铵态氮分布的影响

6.2.1 秸秆覆盖-施氮耦合对土壤剖面铵态氮含量的影响

试验研究期,夏玉米生育期内各处理土壤 NH_4^+-N 含量在0~100 cm 土层分布如图6.3—图6.8 所示。试验结果表明,两年间相应处理对土壤 NH_4^+-N 含量在空间分布影响的变化趋势是一致的。夏玉米生育期内各处理 NH_4^+-N 含量在0.44~13.43 mg/kg 变化,整体趋势与 NO_3^--N 含量变化趋势类似。各处理耕作层的 NH_4^+-N 含量随生育期推移呈先升后降趋势,吐丝期出现峰值,后降低,成熟期降到最低。

从不同秸秆覆盖方式看,秸秆表覆处理的土壤 NH_4^+-N 表聚,随着土层加深,逐渐降低,但成熟期在大于80 cm 土层有增大趋势;在0~20 cm 土层,秸秆表覆的 NH_4^+-N 含量较秸秆深埋各处理提高了146.9% ~216.5%。秸秆深埋处理土壤 NH_4^+-N 含量在20~40 cm 土层有聚集现象,较秸秆表覆各处理提高136.8% ~165.2%;随着土层加深,呈先增后降趋势,在60~80 cm 土层下降幅度最大。从不同施氮水平看,随着施氮水平提高,NH_4^+-N 含量逐渐增大,土层间变化差异较大。但是,CK 各土层无聚集现象,随土层加深,整体呈降低趋势,各土层降幅变化较小,成熟期在大于80 cm 土层有增大的趋势。从年际间看,2019年秸秆表覆的土壤 NH_4^+-N 含量在0~20 cm 土层增大1.8% ~11.4%,增幅随着减施氮水平增大而降低;在20~40 cm 土层降低,在大于40 cm 土层逐渐增大，增幅均小于2%；CK 处理的 NH_4^+-N 含量在2019 年较2018 年在表层降低，深层增大，NH_4^+-N 含量随土层加深而整体降低。相比秸秆表覆和 CK 处理，秸秆深埋处理的土壤 NH_4^+-N 含量，2019 年较 2018 年在 0 ~ 20 cm 土层降低 7.8% ~ 30.2%；在 20 ~ 40 cm 土层提高 6.6% ~ 20.4%；在大于 40 cm 土层呈降低趋势，平均降低 2.5% ~ 7.1%，降幅随施氮水平提高而增大。

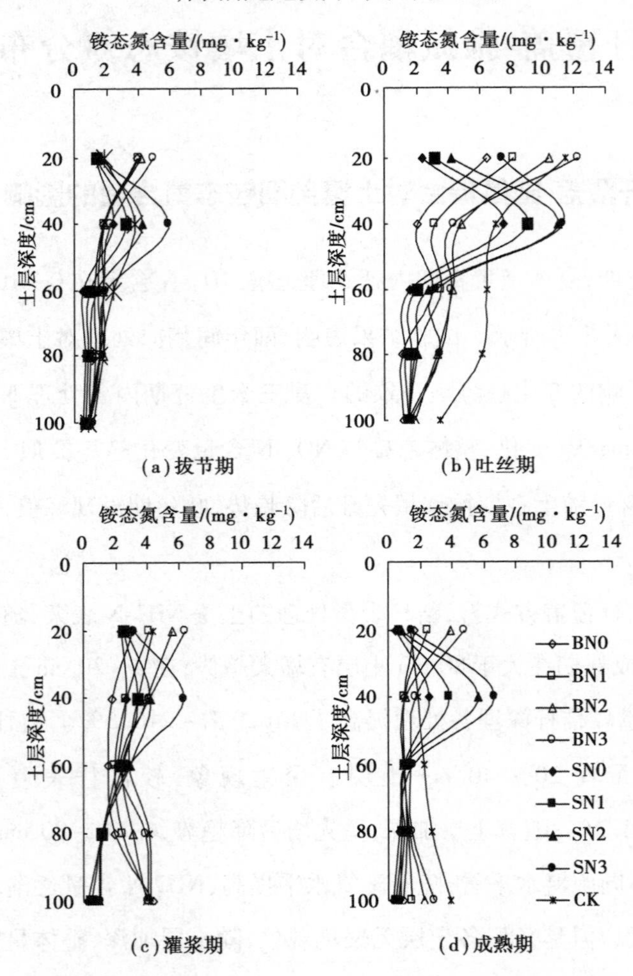

图 6.3　2018 年不同处理夏玉米生育期内土壤剖面 NH_4^+-N 含量

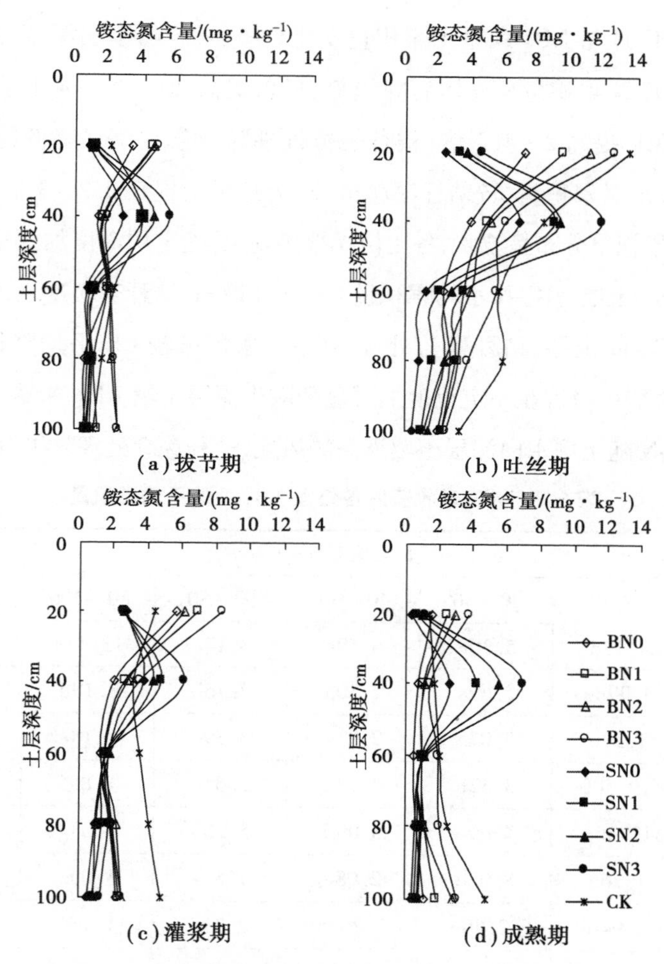

图 6.4 2019 年不同处理夏玉米生育期内土壤剖面 NH_4^+-N 含量

6.2.2 秸秆覆盖-施氮耦合对收获后土壤铵态氮含量的影响

夏玉米收获后各处理 1 m 土层 NH_4^+-N 平均累积量见表 6.2。各处理累积量在 21.48 ~ 37.69 kg/hm^2。与表 6.1 相比,相同处理下土壤 NH_4^+-N 平均累积量明显低于 NO_3^--N 平均累积量。同一秸秆覆盖处理,土壤的 NH_4^+-N 平均累积量随施氮水平提高,呈上升趋势,高氮处理平均累积量最大,较 CK 处理平均降低了 5.9%。

土壤 NH_4^+-N 与 NO_3^--N 平均累积量变化趋势类似：随土层深度加深，秸秆深埋处理的 NH_4^+-N 累积量呈先增后降趋势，显著提高 20 ~ 40 cm 土层累积量，较秸秆表覆和 CK 提高 2 ~ 4.2 倍；秸秆表覆处理随土层加深呈降低趋势，显著提高 0 ~ 20 cm 土层累积量，较秸秆深埋和 CK 处理平均提高 2.2 ~ 3 倍；CK 处理的 NH_4^+-N 平均累积量分布呈波状，各土层无聚集现象，随土层深度加深呈降低趋势。在 40 ~ 100 cm 土层 NH_4^+-N 平均累积量 CK 处理最高，秸秆表覆次之，秸秆深埋最低；在大于 80 cm 土层，秸秆覆盖处理 NH_4^+-N 累积量较 CK 平均降低 31.1% ~ 92.6%，说明秸秆覆盖在一定程度上可显著减少深层土壤 NH_4^+-N 累积量，同时也降低了 NH_4^+-N 随土壤水向深层土壤淋失的风险，秸秆深埋处理效果较好。

表 6.2　夏玉米收获后各处理 NH_4^+-N 的平均累积量

处理	土层深度/cm					合计
	0 ~ 20	20 ~ 40	40 ~ 60	60 ~ 80	80 ~ 100	
CK	4.17d	5.30c	6.59e	8.17e	13.47h	37.69e
BN0	4.99de	2.65a	2.20a	2.76b	3.10d	15.69a
BN1	7.29e	3.07a	2.91a	3.59c	5.16e	22.01b
BN2	10.50f	3.32b	2.93a	3.65c	7.89f	28.28c
BN3	12.46g	4.69c	5.00d	5.25d	9.28g	36.68de
SN0	1.26a	8.02d	2.98a	1.87a	1.00a	15.13a
SN1	1.94b	12.49e	3.26ab	2.33a	1.46b	21.48b
SN2	2.78c	17.33f	3.43b	2.82b	2.07bc	28.42c
SN3	3.90d	21.08g	4.32c	2.64ab	2.34c	34.27d

6.3　秸秆覆盖-施氮耦合对成熟期土壤硝态氮和铵态氮累计损失量的影响

试验结果发现，夏玉米成熟期 NO_3^--N 和 NH_4^+-N 有深层渗漏趋势，并且不同秸秆覆盖处理与 CK 处理间的 NO_3^--N 和 NH_4^+-N 分布趋势存在一定程度的差异。

各处理在夏玉米成熟期较拔节期的 1 m 试验土体土壤 NO_3^--N 累积损失量见表 6.3。在 1 m 土层 NO_3^--N 累积损失量随施氮水平提高而增大，随土层深度加深而降低。各处理土壤 NO_3^--N 含量损失主要集中在 0 ~ 40 cm 土层，约占损失总量的 52.9% ~ 71.3%；随施氮水平提高，秸秆深埋处理的土壤 NO_3^--N 累积损失量较秸秆表覆降幅逐渐减小，降幅依次为 23.7%，18.6%，14.8%，12.7%；BN3 和 SN3 处理在 0 ~ 40 cm 土层 NO_3^--N 累积损失量较 CK 降低 8.1% 和 19.7%，说明秸秆覆盖处理可减少 0 ~ 40 cm 土层土壤 NO_3^--N 损失，以秸秆深埋处理效果较好。

另外，秸秆深埋各处理在 40 ~ 80 cm 土层 NO_3^--N 累积损失量较 0 ~ 40 cm 显著下降，降幅在 50.9% ~ 65.2%，说明秸秆深埋形成的隔层可有效降低大于 40 cm 土层 NO_3^--N 损失，减少 NO_3^--N 向深层土壤迁移。在 1 m 土层，高氮处理的 BN3 和 SN3 处理的 NO_3^--N 累积损失量较 CK 处理降低 7.1% 和 22.6%，说明秸秆覆盖措施可有效降低 1 m 土层 NO_3^--N 累积损失量；秸秆深埋降低 NO_3^--N 累积损失效果较好，相应施氮水平下秸秆深埋较秸秆表覆依次降低 20.7%，19.5%，16.8%，16.7%。

各处理在夏玉米成熟期较拔节期的试验土体土壤 NH_4^+-N 累积损失量见表 6.4。相比表 6.3 可知，同一处理下 NH_4^+-N 累积损失量明显低于 NO_3^--N 累积损失量。NH_4^+-N 与 NO_3^--N 累积损失量变化趋势类似：同一秸秆覆盖方式下，NH_4^+-N 累积损失量随施氮水平提高，呈上升趋势，随土层深度加深而降低；各处理土壤 NH_4^+-N 含量损失主要集中在 0 ~ 40 cm 土层，占损失总量的 51.0% ~ 74.2%，秸秆深埋处理效果较佳，形成的秸秆隔层可有效降低大于 40 cm 土层 NH_4^+-N 损失，减少 NH_4^+-N 向深层土壤迁移。在 0 ~ 100 cm 土层，两年常规施氮水平秸秆覆盖 BN3 和 SN3 处理 NH_4^+-N 累积损失量较 CK 处理平均降低 6.8% 和 13.5%，说明秸秆覆盖可有效降低 0 ~ 100 cm 土层 NH_4^+-N 累积损失量；在 0 ~ 100 cm 土层，秸秆深埋处理降低 NH_4^+-N 累积损失的效果较好，相应施氮水平下秸秆深埋的 NH_4^+-N 累积损失较秸秆表覆依次降低 6.8% ~12.0%。

表 6.3　夏玉米成熟期各处理土壤 NO_3^--N 累积损失量

年份	土层深度/cm	CK	BN0	BN1	BN2	BN3	SN0	SN1	SN2	SN3
2018	0~40	72.93f	33.61b	41.13c	49.95d	66.14f	25.37a	33.03b	43.41c	59.04e
	40~80	38.51e	11.99a	20.84c	27.91d	35.04e	11.22a	15.67b	20.59c	28.01d
	0~100	128.94f	50.16b	68.66c	88.08d	116.51e	38.06a	53.38b	72.77c	97.09d
2019	0~40	74.38e	35.22ab	43.64c	51.1d	69.3e	27.92a	35.98b	45.33c	61.19d
	40~80	36.31e	12.33a	23.77c	29.37d	37.2e	9.72a	17.34b	22.26c	29.65d
	0~100	131.9f	49.19ab	70.91cd	96.53e	125.84f	40.73a	58.98bc	79.53d	102.85e

表 6.4　夏玉米成熟期各处理土壤 NH_4^+-N 累积损失量

年份	土层深度/cm	CK	BN0	BN1	BN2	BN3	SN0	SN1	SN2	SN3
2018	0~40	8.90cd	4.64a	6.27b	8.14cd	10.28d	4.47a	5.91ab	7.49c	10.95d
	40~80	4.73d	2.42ab	2.64ab	3.08b	3.56c	2.29a	3.41c	4.03d	4.06d
	0~100	17.45f	8.65a	11.09bc	13.50c	15.94e	8.06a	10.01b	12.31c	14.76d
2019	0~40	9.91d	5.23a	7.25b	9.59cd	11.64e	5.05a	7.03b	8.94c	11.98e
	40~80	5.10d	2.69b	2.87b	3.12b	3.24b	2.16a	2.38a	3.47c	3.53c
	0~100	18.20e	9.47b	12.19bc	14.89c	17.29e	8.66a	11.47b	13.42bc	16.07d

6.4　秸秆覆盖-施氮耦合对成熟期土壤有机质含量的影响

两年土壤有机质含量在空间上的分布趋势基本一致。在夏玉米成熟期，不同秸秆覆盖方式与施氮水平对不同土层 SOM 含量的空间分布影响如图 6.5 所示。

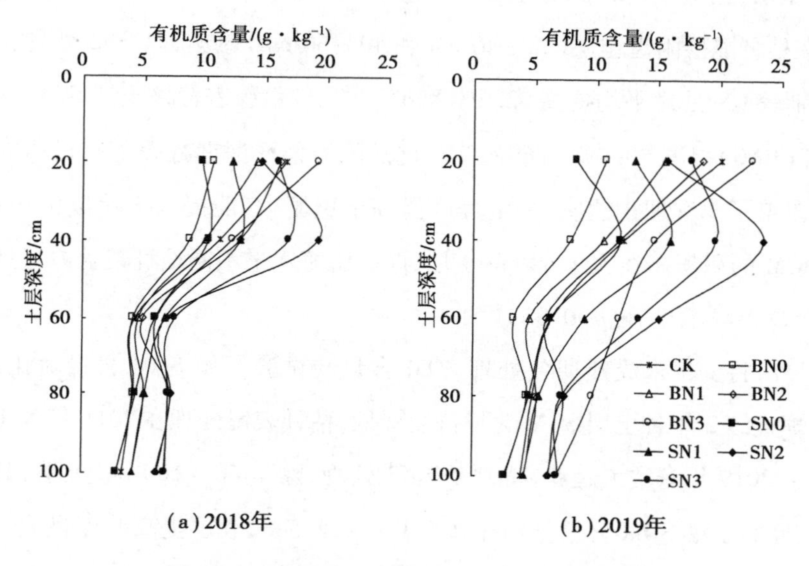

图 6.5 不同处理对各土层有机质含量的影响

从不同施氮水平看，与不施氮(N0)处理相比，施氮处理显著提高各土层 SOM 含量($p<0.05$)。秸秆表覆的 4 个施氮处理土壤 SOM 含量随施氮量的增加而增加，含量最大为高氮水平 BN3 处理；相比秸秆表覆处理，秸秆深埋处理 SOM 含量存在不同程度的差异：20～60 cm 土层 SOM 含量随施氮量增加呈先增后减的趋势，SN2 处理含量最大，而 0～20 cm 土层 SOM 含量随施氮量增加而增加，SN3 处理含量最大。

从不同秸秆覆盖方式看，秸秆表覆和 CK 处理 SOM 含量随土层深度加深而降低，二者变化趋势基本类似，主要分布在 0～40 cm 土层，占 1 m 试验土体 SOM 总含量的 68.5%～82.4%。秸秆表覆处理的 SOM 在 0～20 cm 土层聚集，以 BN3 处理 SOM 含量最大，较 CK 和 SN3 处理平均提高 14.2% 和 24.1%；虽然因表层土壤通气性高促进 SOM 以分解矿化为主，但秸秆表覆在一定程度上减缓表层通气性，同时能补给土壤新的有机物质，再配施适量氮肥能够促进 SOM 的积累。秸秆深埋处理的 SOM 含量随土层深度加深呈先增后减的趋势，0～20 cm

土层的 SOM 含量较相应秸秆表覆处理略低;SOM 含量主要分布土层下移至 20 ~ 60 cm 土层,占 0 ~ 1 m 试验土体总含量的 71.2% ~87.3%。秸秆深埋处理 SOM 在秸秆隔层附近土层(20 ~40 cm 和 40 ~60 cm)聚集,以 SN2 处理含量最大,分别较 CK 处理平均提高 82.6% 和 67.7%,较秸秆表覆该土层 SOM 含量最大处理(BN3)提高 60.4% 和 69.4%。这是因为秸秆深埋减缓了有机质的分解转化,改善了土壤理化性质,一定程度提高土壤肥力,能提高土壤碳汇作用,更利于 SOM 的积累。在大于 60 cm 土层,同一施氮水平不同秸秆覆盖方式处理的 SOM 含量差异不显著($p>0.05$)。

另外,将夏玉米成熟期各处理 SOM 含量与试验原始 SOM 含量对比发现,CK 处理连续 2 年各土层 SOM 含量持续降低,秸秆表覆处理在 2018 年各土层降低,到了 2019 年有增大趋势,特别是 BN3 处理,除了 60 ~ 100 cm 土层,其他各土层较原始土壤 SOM 含量分别提高 5.1% ~15.5%,表层提高幅度最大。秸秆深埋下,2018 年中高氮处理的 20 ~ 40 cm 土层 SOM 含量较原始土壤分别提高 38.1% 和 20.2%,其他处理的土层均不同程度地降低;到了 2019 年,各处理 SOM 含量有增大趋势,中高氮处理 20 ~ 80 cm 较原始土壤 SOM 含量提高 2.1% ~68.5%,20 ~ 40 cm 土层提高幅度最大;表层 SOM 含量下降 5.6% ~ 9.5%,较 2018 年有所提升。说明秸秆表覆或深埋配施适量氮肥有效提高秸秆附近土层 SOM 含量,随秸秆还田年数增长而提高。

6.5 秸秆覆盖-施氮耦合对成熟期土壤全氮和全磷的影响

6.5.1 秸秆覆盖配施氮下夏玉米成熟期土壤全氮含量的响应

两年各处理全氮(TN)含量在空间上的分布趋势基本一致。在夏玉米成熟期,两年不同处理各土层 TN 含量的空间分布如图 6.6 所示。

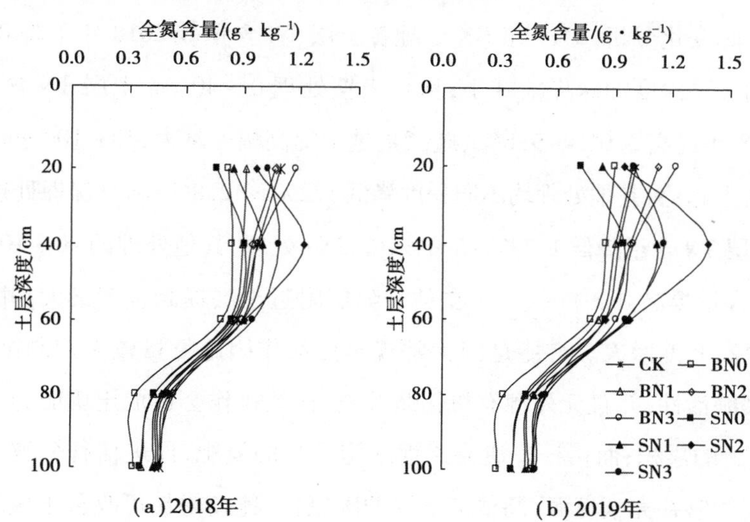

图 6.6　不同处理对各土层全氮含量的影响

从不同施氮水平看,相比不施氮(N0)处理,施氮处理提高各土层 TN 含量 6.8%~60.5%($p<0.05$),并且施氮量越大,增幅越大。从不同秸秆覆盖方式看,秸秆表覆和 CK 处理 TN 含量随土层深度加深而降低,二者变化趋势基本类似,主要分布在 0~40 cm 土层,两年平均占 1 m 试验土体 TN 总含量的 52.4%~72.3%。秸秆表覆处理的 TN 含量随施氮量的增加而增加,含量最大为高氮水平 BN3 处理;秸秆表覆处理在 0~20 cm 土层 TN 表聚,随施氮量增大而增大,以 BN3 处理的 TN 含量最大,较 CK 和 SN3 处理平均提高 14.3% 和 18.6%。

秸秆深埋处理的 TN 含量随土层深度加深呈先增后减的趋势,0~20 cm 土层的 TN 含量较相应秸秆表覆处理略低;秸秆深埋处理的 TN 主要分布土层下移至 20~60 cm 土层,平均 TN 含量占 1 m 土体总含量的 61.2%~82.3%。相比秸秆表覆处理,秸秆深埋处理 TN 含量随施氮水平的变化趋势存在较大差异:20~40 cm 和 40~60 cm 土层的 TN 含量随施氮量增加呈先增后减的趋势,SN2 处理含量最大,分别较 CK 处理平均提高 38.4% 和 10.2%,较秸秆表覆最大含量 BN3 处理平均提高 32.0% 和 5.1%;而 0~20 cm 土层的 TN 含量随施氮量增加而增加,SN3 处理含量最大。

从年际变化分析,2019 年 CK 处理各土层 TN 含量较 2018 年下降 0.3% ~ 5.1%,随土层深度加深降幅减小;秸秆表覆处理 0 ~ 40 cm 土层 TN 含量 2019 年较 2018 年提高 2.0% ~9.8%,施氮量越少提高幅度越大,40 ~ 100 cm 土层除 BN3 有增大趋势,其他处理均不同程度降低 1.2% ~ 12.8%;秸秆深埋处理的 0 ~ 20 cm 土层 TN 含量降低 1.7% ~ 5.0%,除 SN0 处理,其他处理的 40 ~ 100 cm 土层的 TN 含量提高 0.3% ~ 14%,在秸秆隔层附近土层提高幅度最大,并随施氮量增大提高幅度增大。可能是因为常规施氮耕作因施氮量较大抑制微生物生长及土壤酶活性,并且无外源有机物质补充,连续耕作会造成土壤肥力下降,影响土壤 TN 的累积;而秸秆表覆或深埋配施适量的氮肥,促进秸秆分解,在秸秆附近土层能够补充碳氮源,调整了土壤的碳氮比,连续耕作可改善土壤肥力,有利于 TN 的积累。

6.5.2 秸秆覆盖配施氮下夏玉米成熟期土壤全磷含量的响应

在夏玉米成熟期,不同秸秆覆盖方式与施氮水平下各土层全磷(TP)含量的空间分布如图 6.7 所示。可知,夏玉米成熟期不同处理各土层 TP 含量在空间的变化规律与 TN 含量变化规律类似。从施氮水平看,相比不施氮(N0)处理,施氮处理提高各土层 TP 含量 5.2% ~58.6%($p<0.05$),且施氮量越大,提高幅度越大,说明施氮可促进各处理 TP 的积累。秸秆表覆处理 TP 含量随施氮量的增加而增加,含量最大为高氮水平 BN3 处理;秸秆深埋处理的 20 ~ 40 cm 和 40 ~60 cm 土层的 TP 含量随施氮量增加呈先增后减的趋势,SN2 处理含量最大,而 0 ~20 cm 土层的 TP 含量随施氮量增加而增加,SN3 处理含量最大,与 CK 和秸秆表覆处理存在较大差异。

从不同秸秆覆盖方式看,秸秆表覆和 CK 处理 TP 含量随土层深度加深而降低,主要分布在 0 ~ 40 cm 土层,占 1 m 试验土体 TP 总含量的 51.9% ~ 69.7%。秸秆表覆 TP 在 0 ~20 cm 土层表聚,以 BN3 处理的 TP 含量最大,较

CK 和 SN3 处理平均提高 9.6% 和 13.5%。秸秆深埋处理的 TP 含量随土层深度加深呈先增后减的趋势,0 ~ 20 cm 土层 TP 含量较相应秸秆表覆处理略低;其主要分布土层下移至 20 ~ 60 cm 土层,TP 含量占 1 m 试验土体总含量的 58.1% ~76.2%。秸秆深埋处理的 TP 在秸秆隔层附近土层(20 ~ 40 cm 和 40 ~ 60 cm)聚集,以 SN2 处理含量最大,较 CK 处理平均提高 33.9%,较秸秆表覆最大含量的 BN3 处理提高 28.6%。

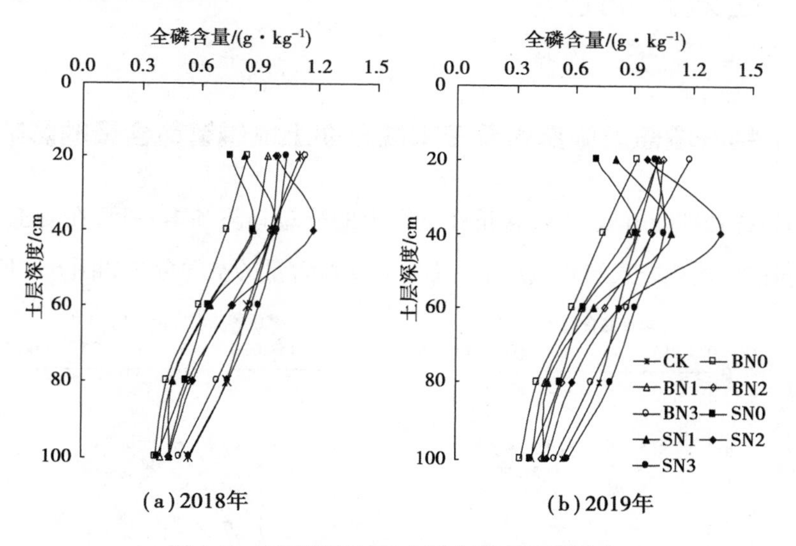

图 6.7　不同处理对各土层全磷含量的影响

从年际变化看,2019 年 CK 处理各层 TP 含量较 2018 年下降仅 0.4% ~ 4.1%,差异不显著(p>0.05),且随土层深度加深降幅减小。相比 2018 年,2019 年秸秆深埋处理的 0 ~ 20 cm 土层 TP 含量降低 1.7% ~4.9%,且随施氮量增大,降低幅度呈先小后大的趋势;在大于 20cm 土层,各处理 TP 含量均不同程度提高 0.3% ~14%,在秸秆隔层附近土层(20 ~ 60 cm)提高幅度最大,并随施氮量增大提高幅度增大。2019 年秸秆表覆处理 0 ~ 40 cm 土层 TP 含量较 2018 年提高 1.3% ~9.5%,并且施氮量越少提高幅度越大,可能是因为连续两年秸秆还田后,秸秆逐渐分解释放一定量的磷,从而在一定程度上提高了耕作层的 TP 含量;大于 60 cm 土层的 TP 含量不同程度降低 0.5% ~12.8%,且越往深层降幅越大,可能因为秸秆还田可直接为土壤提供碳源,配施适量氮肥,调整土壤碳氮比,促进秸秆中可溶性磷释放,但增加的土壤磷主要集中在秸秆层附近,对深层土层影响较小。

6.6 秸秆覆盖-施氮耦合对成熟期土壤碱解氮和速效磷的影响

6.6.1 秸秆覆盖配施氮对夏玉米成熟期土壤碱解氮含量的影响

两年各处理碱解氮(AN)含量在空间上的分布趋势基本一致,在夏玉米成熟期,不同秸秆覆盖方式与施氮水平下各土层 AN 含量的空间分布如图 6.8 所示。

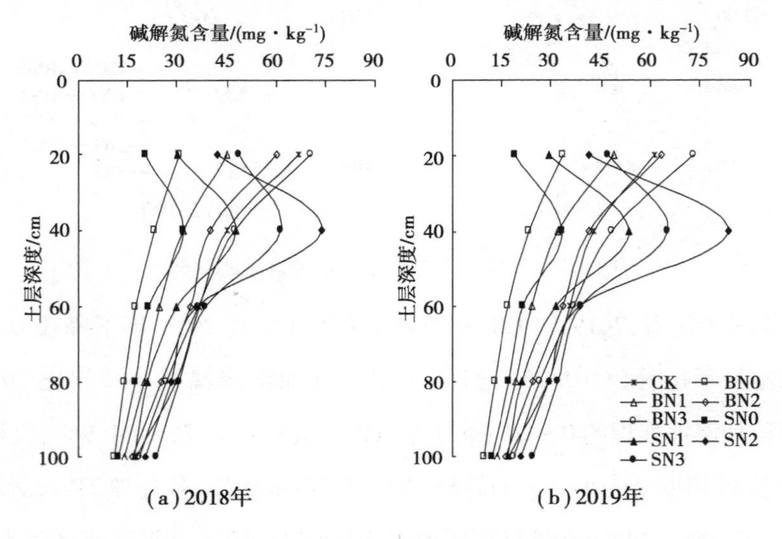

图 6.8 不同处理对各土层碱解氮含量的影响

从不同施氮水平看,与不施氮(N0)处理相比,施氮处理提高各土层 AN 含量 21.5% ~141.1% ($p<0.05$),且施氮量越大,提高幅度越大。秸秆表覆的 4 个施氮处理 AN 含量随施氮量的增加而增加,含量最大为高氮水平 BN3 处理;但相比秸秆表覆处理,秸秆深埋处理 AN 含量随施氮水平的变化趋势存在较大

差异:20～40 cm 土层的 AN 含量随施氮量增加呈先增后减的趋势,SN2 处理含量最大,而 0～20 cm 土层的 AN 含量随施氮量增加而增加,SN3 处理含量最大。

从不同秸秆覆盖方式看,秸秆表覆和 CK 处理 AN 含量随土层深度加深而降低,主要分布在 0～40 cm 土层,平均占 1 m 试验土体 AN 总含量的 56.1%～69.6%,秸秆表覆在 0～20 cm 土层 AN 表聚,以 BN3 处理的 AN 含量最大,较 CK 和 SN3 处理平均提高 12.5% 和 50.5%。秸秆深埋处理的 AN 含量随土层深度加深呈先增后减的趋势,0～20 cm 土层 AN 含量较相应秸秆表覆处理略低;秸秆深埋处理 AN 主要分布土层下移至 20～60 cm 土层,平均 AN 含量占 1 m 试验土体总含量的 51.7%～76.8%。秸秆深埋处理在秸秆隔层附近土层(20～40 cm)AN 聚集,均以 SN2 处理含量最大,平均较 CK 处理提高 79.5%,较秸秆表覆最大含量的处理(BN3)提高 64.6%。

从年际变化分析,2019 年 CK 处理各土层 AN 含量较 2018 年下降 0.3%～3.5%,差异不显著($p>0.05$),并且随土层深度加深降幅减小。2019 年秸秆表覆处理 0～40 cm 土层 AN 含量较 2018 年提高 0.9%～9.6%,施氮量越少提高幅度越大,但各处理在大于 40 cm 土层 AN 含量降低 0.3%～9.8%。2019 年秸秆深埋处理的 0～20 cm 土层 AN 含量较 2018 年降低 1.3%～4.9%,除 SN0 处理,其他处理的 20～100 cm 土层的 AN 含量不同程度提高 0.7%～13.3%,在秸秆隔层附近土层增幅最大,并且随施氮水平增大而增大;但 SN0 处理仅 20～40 cm 和 40～60 cm 土层 AN 含量较 2018 年提高 1.8% 和 0.4%,大于 60 cm 反而降低 4.4% 和 3.9%,这可能因为秸秆连续还田后释放少量的氮素进而提高秸秆隔层的 AN,同时秸秆分解必然引起微生物与作物竞争氮素,无外源氮补充,土壤中的氮素将会进一步被消耗,降低各土层氮素,特别是深层土壤,秸秆连续还田无氮配施将导致土壤 AN 含量降低。

6.6.2　秸秆覆盖配施氮对夏玉米成熟期土壤速效磷含量的影响

夏玉米成熟期,不同秸秆覆盖方式与施氮水平下各土层 AP 含量的空间分布如图6.9所示。从不同施氮水平看,相比不施氮(N0)处理,施氮各处理提高各土层AP含量17.1%~116.5%($p<0.05$),且施氮量越大,提高幅度越大。秸秆表覆处理AP含量随施氮量的增加而增加,含量最大为高氮水平BN3处理;秸秆深埋的20~40 cm土层AP含量随施氮量增加呈先增后减趋势,SN2处理含量最大,其他土层的AP含量随施氮量增加而增加,SN3处理含量最大。

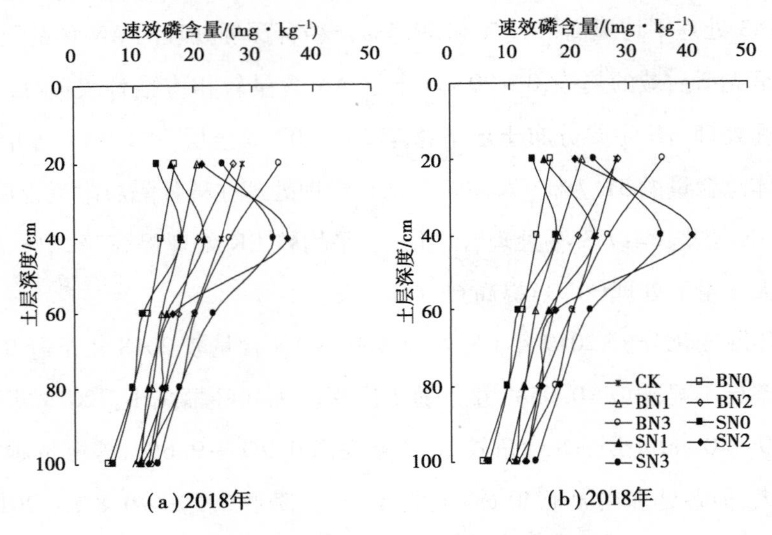

图6.9 不同处理对各土层速效磷含量的影响

从不同秸秆覆盖方式看,秸秆表覆和CK处理AP含量随土层深度加深而降低,主要分布在0~40 cm土层,两年占1 m土体AP总量的50.7%~68.2%,秸秆表覆在0~20 cm土层AP表聚,以BN3处理的AP含量最大,较CK和SN3处理平均提高25.4%和43.5%。秸秆深埋处理的AP含量随土层深度加深呈先增后减的趋势,0~20 cm土层的AP含量较相应秸秆表覆处理略低;秸秆深埋处理AP主要分布土层下移至20~60 cm土层,两年AP含量占1 m土体总量的49.6%~67.8%。秸秆深埋处理AP在秸秆隔层上附近土层(20~40 cm)聚集,以SN2处理含量最大,较CK处理平均提高55.8%,较秸秆表覆最大含量BN3处理提高45.6%。

从年际变化分析,2019年CK处理各层AP含量较2018年下降0.1%~

2.5%，差异不显著（$p>0.05$），且随土层深度加深降幅减小，说明连续常规施氮处理不会提高土壤 AP 含量，并且还有降低的趋势。2019 年秸秆表覆处理 0～40 cm 土层的 AP 含量较 2018 年提高 1.6%～10.6%，施氮量越少提高幅度越大，并且 0～20 cm 层提高的幅度显著大于 20～40 cm 土层，这说明秸秆表覆与施氮耦合可有效促进 AP 的积累，但需要综合其他指标确定较优的施氮水平；另外，在大于 40 cm 土层，除 BN3 处理，其他处理 AP 降低 2.2%～5.2%，这对土壤肥力不利。分析秸秆深埋各处理的 AP 含量可知，相比 2018 年，2019 年 0～20 cm 土层 AP 含量均降低 0.5%～4.4%，差异不显著（$p>0.05$），且随施氮量增大降幅减小，这说明秸秆深埋配施氮对表层 AP 含量影响较小；在 20～40 cm 土层显著提高 AP 含量 6.5%～14.0%，SN2 处理增幅最大；除 SN0 处理，其他处理 40～100 cm 土层的 AP 含量不同程度提高 0.3%～3.8%，中氮处理提高幅度最大，并随土层深度加深而降低；而 SN0 处理在大于 40 cm 土层 AP 含量降低 1.2%～2.2%，2 年该土层 AP 含量差异不显著（$p>0.05$）。

6.7 秸秆覆盖-施氮耦合下地下水质氮污染的响应

根据地下水质量标准（GB/T 14848—2017，表 2.9）和不同时期实测地下水污染物浓度，依据式（2.4）计算各污染物指标的权重值（表 6.5），然后将各污染物实测浓度代入隶属度函数，得到各污染物指标对应地下水质分类的隶属度矩阵，最后依照最大隶属原则分析评判出地下水质类别，即各处理对地下水氮素污染风险评价（研究期内，相同处理的氮素污染对地下水质影响的变化趋势基本一致，故此处仅列出 2018 年各污染物指标的权重值数据，见表 6.5；以及不同生育期各处理的地下水质类别，见表 6.6）。

表 6.5　2018 年各处理地下水中氮素形态指标的权重值

处理	播种期			抽雄期			收获后		
	NO_2^--N	NO_3^--N	NH_4^+-N	NO_2^--N	NO_3^--N	NH_4^+-N	NO_2^--N	NO_3^--N	NH_4^+-N
CK	0.251 3	0.399 3	0.349 5	0.422 9	0.307 9	0.269 2	0.226 2	0.424 4	0.349 4
BN0	0.239 8	0.367 9	0.392 3	0.297 7	0.390 1	0.312 2	0.245 7	0.416 7	0.337 6
BN1	0.244 1	0.370 4	0.385 5	0.309 7	0.392 5	0.297 8	0.260 1	0.349 7	0.390 2
BN2	0.241 1	0.372 8	0.386 1	0.338 3	0.361 6	0.300 1	0.219 9	0.400 1	0.379 9
BN3	0.249 9	0.390 2	0.359 9	0.393 4	0.329 5	0.277 1	0.209 9	0.417 6	0.372 5
SN0	0.229 8	0.375 2	0.395 0	0.297 9	0.375 4	0.326 7	0.272 4	0.421 5	0.306 1
SN1	0.230 1	0.351 8	0.418 1	0.309 4	0.374 1	0.316 5	0.264 5	0.423 1	0.312 4
SN2	0.237 1	0.368 5	0.394 5	0.327 5	0.361 8	0.310 7	0.221 5	0.417 8	0.360 8
SN3	0.250 6	0.397 1	0.352 3	0.315 8	0.374 4	0.309 8	0.187 4	0.438 1	0.374 5

表 6.6　2018 年各处理地下水质类别

生育期	处理	Ⅰ	Ⅱ	Ⅲ	Ⅳ	Ⅴ	所属类别
播种	CK	0.067 8	0.427 2	0.359 6	0.145 4	0	Ⅱ
	BN0	0.092 2	0.478 2	0.327 2	0.102 4	0	Ⅱ
	BN1	0.070 1	0.438 4	0.394 9	0.096 6	0	Ⅱ
	BN2	0.074 1	0.460 3	0.384 7	0.080 9	0	Ⅱ
	BN3	0.069 8	0.441 1	0.373 6	0.115 5	0	Ⅱ
	SN0	0.112 8	0.476 1	0.320 9	0.090 2	0	Ⅱ
	SN1	0.138 4	0.447 8	0.413 8	0	0	Ⅱ
	SN2	0.097 6	0.483 5	0.366 4	0.052 5	0	Ⅱ
	SN3	0.080 5	0.442 6	0.401 8	0.075 1	0	Ⅱ

续表

生育期	处理	Ⅰ	Ⅱ	Ⅲ	Ⅳ	Ⅴ	所属类别
抽雄期	CK	0	0.127 1	0.293 2	0.245 6	0.334 1	Ⅴ
	BN0	0.112 8	0.192 3	0.382 1	0.312 8	0	Ⅲ
	BN1	0.047 6	0.103 2	0.266 2	0.342 9	0.240 1	Ⅳ
	BN2	0	0.156 1	0.254 3	0.392 3	0.197 3	Ⅳ
	BN3	0	0.093 2	0.251 6	0.291 1	0.364 1	Ⅴ
	SN0	0.178 2	0.325 6	0.378 2	0.142 0	0	Ⅲ
	SN1	0.109 5	0.258 1	0.346 3	0.286 1	0	Ⅲ
	SN2	0.042 6	0.196 8	0.464 5	0.296 1	0	Ⅲ
	SN3	0	0.090 6	0.350 4	0.349 5	0.209 5	Ⅲ
收获后	CK	0	0.047 6	0.240 4	0.421 3	0.290 7	Ⅳ
	BN0	0.172 6	0.322 3	0.275 6	0.135 0	0.094 5	Ⅱ
	BN1	0.035 6	0.350 5	0.267 3	0.166 1	0.180 5	Ⅱ
	BN2	0	0.157 3	0.442 6	0.310 3	0.089 8	Ⅲ
	BN3	0	0.208 9	0.389 5	0.217 1	0.184 5	Ⅲ
	SN0	0.269 9	0.379 5	0.212 6	0.113 5	0.024 5	Ⅱ
	SN1	0.105 6	0.392 5	0.269 4	0.197 1	0.035 4	Ⅱ
	SN2	0.065 6	0.363 5	0.231 4	0.200 8	0.138 7	Ⅱ
	SN3	0.017 8	0.238 3	0.340 7	0.221 6	0.181 6	Ⅲ

注：表中Ⅰ—Ⅴ为地下水质类别；表中数值为地下水质氮污染类别隶属度矩阵，并依据最大隶属度原则确定不同处理地下水质氮污染所属类别。

在播种期，各处理地下水质类别均为Ⅱ类，无显著差异($p>0.05$)，地下水氮污染风险较小。夏玉米吐丝期，各处理的土壤氮素含量达到峰值，随土壤水逐渐入渗进入地下水，对地下水产生不同程度的氮素污染，特别是CK和BN3处理的地下水质类别为Ⅴ类，氮污染风险严重，说明常规耕作措施和秸秆表覆的高施氮量易引起地下水严重氮污染风险，秸秆表覆对氮素拦截无效，与CK处理无差异($p>0.05$);秸秆表覆的中低施氮水平 BN1 和 BN2 处理的地下水质类别为Ⅳ类,存在较严重氮素污染风险;秸秆表覆的无氮处理(BN0)和秸秆深埋各处理的地下水质类别为Ⅲ类,存在氮污染较大风险,但相比 CK 处理,地下水氮污染风险程度显著降低。说明秸秆深埋在一定程度上可拦截氮素下移,降低地下水氮污染的风险,并且地下水氮污染的风险随施氮水平的增大而提高。

夏玉米收获后各处理地下水环境有所好转,除 CK 处理的地下水类别为Ⅳ类,存在较严重氮素污染风险,其他处理均为Ⅲ类以上;BN2,BN3,SN3 的地下水质为Ⅲ类,存在较大氮污染风险,其他处理地下水质提升为Ⅱ类,氮污染风险较小。说明随着时间推移,地下水氮素污染有所好转,相比 CK(Ⅳ类)处理,秸秆深埋处理显著降低地下水氮素污染风险,效果较佳。

6.8 本章讨论与小结

6.8.1 讨论

1)秸秆覆盖-施氮耦合对土壤硝态氮和铵态氮的影响

氮素污染是农业面源污染的主要表现形式,减少施氮量可从源头控制氮素流失,提高氮肥利用效率。试验结果表明,各处理的土壤氮素含量随施氮水平降低而显著减少,随着夏玉米生育期推移逐渐降低,成熟期各处理土壤氮素含量最低;在土壤深度方向各处理土壤氮素含量差异显著($p<0.05$)。

土壤氮素含量与夏玉米消耗和土壤吸附等因素密切相关,同时易受到土壤氮素下移量的影响。秸秆表覆在 0~20 cm 土层的氮素表聚,秸秆深埋在 20~40 cm 土层的氮聚集,并且随施氮水平提高而增大。这是因为秸秆还田提高土壤通透性,对土壤氮素具有一定的转化与固持作用,但玉米秸秆 C/N 较高,不易分解,抑制土壤氮素矿化,配施适量氮可有效提高 SOM 含量和脲酶活性,增加亚硝酸细菌等微生物数量,促进氮素累积。在夏玉米生长中后期氮素逐渐向土壤深层迁移,并且随施氮水平提高而增加,秸秆覆盖可缓解氮素下移趋势。收获后,秸秆覆盖处理显著降低大于80 cm土层的NH_4^+-N和NO_3^--N平均累积量,较CK平均降低36.7%～70.9%和82.6%～89.2%,并且秸秆深埋的效果较好。

相比CK处理,秸秆覆盖显著改善氮素在各土层分布并减少氮素的累积损失量,缓解土壤氮素下移趋势,减少深层土壤氮素含量。在0～100 cm土层,SN2较CK处理的NO_3^--N和NH_4^+-N累积损失量平均降低39.6%和22.6%,而BN3较CK处理仅降低7.1%。这是由于土壤水是NO_3^--N垂直运移的载体,玉米秸秆质地粗糙,秸秆深埋改变了土壤结构及质地均匀性,延长了土壤水在耕作层停蓄,显著降低土壤水连续入渗能力,减缓以土壤水为迁移载体的氮素向下迁移,降低土壤中氮素的淋失;另外,氮淋失与作物根系分布密切相关,庞大的根系有效提高了氮的利用率,减少氮素渗漏。夏玉米根系主要分布在0～40 cm土层,当氮素运移到大于40 cm土层难再被吸收,而秸秆深埋营造养分充裕的微环境,与适宜减氮配施为夏玉米中后期生长提供持续养分,促进根系生长,特别是提高大于40 cm土层根长密度,促进对深层土壤氮素吸收,减少氮渗漏,同时土壤无机氮被微生物固持,也降低了氮素损失的风险。然而,秸秆表覆处理虽能减少表层土壤氮素的累积损失,但秸秆表覆的耕作层及以下土层与CK类似,土壤质地均匀,导水率无差异,土壤水在短时间内渗入深层,带走大量盈余氮素;因此,在对地下水氮素污染评价时,秸秆覆盖结合适量氮肥可显著降低地下水质氮素污染的风险。相比CK处理因过量施氮导致土壤氮素残留较多,易随壤中流运移到深层,且CK处理的夏玉米深层根不发达,难再吸收深层氮素,这些均增大了深层土壤环境氮素污染的风险。收获后CK处理地下水质为Ⅳ类,秸秆覆盖的地下水氮素污染有所减轻,以秸秆覆盖无氮、低氮水平及SN2处理对地下水氮素污染风险最低,地下水质为Ⅱ类。

2）秸秆覆盖-施氮耦合对土壤有机质、全氮、全磷等养分的影响

秸秆还田作为一种改善土壤环境的耕作措施已被广泛应用,并且与氮配施能显著提高 SOM 含量,这与本研究结果存在差异。本研究发现秸秆覆盖配施氮对各土层 SOM 含量影响不一,不是所有土层 SOM 含量均增加。秸秆表覆有利于 SOM 含量表聚,且随施氮量增加而增加,夏玉米成熟期表层(0～20 cm) SOM 含量较供试土壤初始含量有所下降,但相比 CK 处理仍显著提高表层 SOM 含量($p<0.05$),这是因为 CK 处理在夏玉米生长中后期,非但无外源碳氮等养分供给,且夏玉米生长会进一步消耗土壤中原有的 SOM 等养分,CK 处理 SOM 含量逐渐降低,这也说明耕地无新的有机质加入,长时间会造成基础肥力下降,首当其冲的是耕作层。

秸秆表覆-施氮耦合在一定程度上能降低土壤 C/N,促进秸秆分解,除提供夏玉米生长所需碳、氮等养分,还能提供给微生物生长所需的碳源和养分,实现土壤养分再循环,有利于 SOM 含量的积累;相比秸秆表覆和 CK 处理,秸秆深埋处理显著增加秸秆隔层附近土层 SOM 含量($p<0.05$),但 0～20 cm 土层 SOM 含量有所下降。这是因为秸秆深埋条件下,随着生育期推移,0～20 cm 土层 SOM 逐渐被作物和微生物消耗,且无外源补给,造成表层 SOM 含量逐渐降低;而在秸秆隔层附近土层粉碎的秸秆能够与下层土壤充分接触,改善土壤的通气性,为土壤提供充足的碳源,充分发挥土壤碳汇的作用,并且施入适量氮肥能够引起较强的正激发效应,促进土壤中的秸秆分解,提高土壤酶活性,有利于 SOM 积累,SN2 处理效果较佳。

同一施氮水平下,不同秸秆覆盖方式处理在大于 60 cm 土层 SOM 含量差异不显著($p>0.05$),这是因为在大于 60 cm 土层,土壤的通气性、微生物数量及活性、养分等比较差,导致上层的 SOM 难以输移进入深层土壤,也难以在深层土壤积累。

本研究表明秸秆覆盖配施氮的土壤 TN 和 AN 与 TP 和 AP 含量变化规律与 SOM 类似。秸秆表覆的土壤 TN 和 AN 含量随施氮量增大而增大,随土层深度

加深而降低,氮素有表聚现象,以 BN3 处理含量最大,较 CK 处理显著增加;秸秆深埋下,土壤 TN 全氮和 AN 含量随施氮量增大而先增后降,随土层深度加深而先增后降,在 20 ~ 40 cm 土层氮素有聚集现象,以 SN2 处理含量最大,较 CK 处理显著增加。这是因为秸秆还田在配施氮肥时,可促进秸秆分解,释放更多氮素,同时表覆的秸秆或者深埋的秸秆可提高氮素滞留时间,提高土壤氮素的供应能力,另外,具有较大比表面积的秸秆能够有效吸附土壤中氮素,从而增加了土壤氮素含量,在秸秆层附近产生聚集现象。研究发现,AP 直接影响微生物活性,从而对养分供给及释放产生影响,而秸秆配施氮肥可提高 AP 含量,这与本研究结果一致。本研究还发现秸秆配施氮也能够不同程度提高 TP 含量,较 CK 显著提高,这与朱浩宇等的研究结果类似。这是因为秸秆在适量氮肥作用下加速分解,释放有机磷进入土壤,提高土壤 TP 含量。

6.8.2 小结

①与当地常规耕作相比,秸秆覆盖-施氮耦合显著改变土壤氮素空间分布,降低深层土壤氮素积累量,减少氮素淋溶损失。秸秆表覆处理的氮素在表层表聚,秸秆深埋处理的氮素含量在秸秆隔层附近土层聚集,随着施氮量增加,各土层氮素含量不同程度地增加。夏玉米成熟期,秸秆深埋-中氮(180 kg/hm^2)处理在大于 80 cm 土层的土壤硝态氮累积量降低 56.8%,铵态氮累积量平均降低 84.7%;在 1 m 土体硝态氮累积损失量降低 39.6%,铵态氮累积损失量降低 13.5%。

②秸秆深埋形成的隔层可减缓土壤氮素迁移及深层氮素累积,形成有效拦截氮素运移的保护屏障,显著降低了地下水氮素污染风险,在秋浇前秸秆深埋处理的小区地下水质提升到Ⅱ类水质,氮污染风险较小。

③秸秆覆盖-施氮耦合显著改善土壤养分分布,有利于土壤养分积累,但不是所有土层养分含量均增加。常规耕作在第二试验年土壤养分下降 0.3% ~ 5.1%,耕作层下降幅度较大;秸秆覆盖处理的土壤养分提高 0.3% ~ 14%,且

耕作层养分提高幅度较大,秸秆表覆的土壤养分表聚,随施氮量增大而增大;秸秆深埋显著提高秸秆隔层附近土层的养分,随着施氮量增大呈先增后降的趋势。

7 秸秆覆盖-施氮耦合对土壤莠去津消解残留的影响

莠去津又名阿特拉津(Atrazine,AT),土壤中 AT 的吸附消解,不仅与自身理化性质有关,还受土壤有机质(SOM)、碱解氮(AN)、速效磷(AP)、全氮(TN)、全磷(TP)、pH 值、温度、微生物数量和活性、土壤酶等水土环境因素的影响。本章通过分析秸秆覆盖-施氮耦合对 AT 的动态消解及 AT 消解与土壤养分相关性的影响,为秸秆覆盖-施氮耦合的耕作模式促进 AT 消解及改善农田环境提供参考。

7.1 秸秆覆盖-施氮耦合对土壤莠去津消解率的影响

不同秸秆覆盖方式与施氮水平对土壤 AT 消解的影响如图 7.1 所示。因两年 AT 的消解随喷药后时间动态变化趋势基本一致,为更直接地展示图 7.1 的变化趋势,此处将 2018 年 AT 消解数据列出(表 7.1)。

从不同施氮水平看,与不施氮(N0)相比,施氮显著促进 AT 消解($p<0.05$);秸秆表覆处理土壤 AT 消解率随施氮量的增加而增加,最高为 BN3 处理;秸秆深埋处理土壤 AT 消解率随施氮量增加呈先增后减趋势,消解率最高的处理为中氮水平 SN2。

从不同秸秆覆盖方式看,秸秆深埋处理 AT 消解率较秸秆表覆提高 0.2% ~ 6.2%,说明秸秆深埋的方式能有效提高土壤 AT 消解率。夏玉米成熟期(喷药后 100 d 左右),SN2 处理的 AT 消解率最高,平均为 99.89%,较 CK 处理平均提高

3.5%；BN0 处理的莠去津消解率最低，两年平均为 91.76%，较 CK 处理平均降低 5.1%。

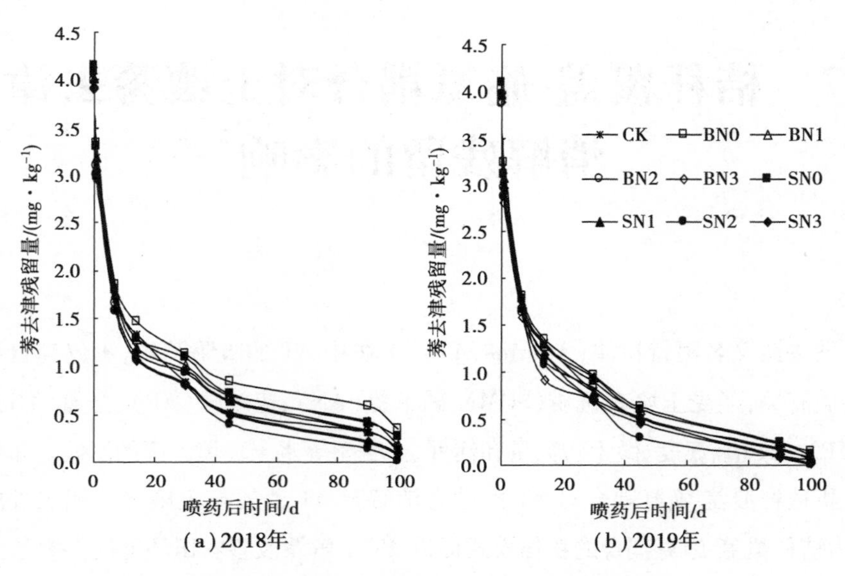

图 7.1 各处理对土壤莠去津消解的影响

表 7.1 2018 年各处理莠去津在土壤中的动态消解变化

喷药后时间/d		0	1	7	14	30	45	90	100
CK	残留量/($mg \cdot kg^{-1}$)	4.096	3.197	1.714	1.337	0.851	0.528	0.324	0.152
	消解率/%		21.95	58.15	67.36	79.22	87.11	92.09	96.29
BN0	残留量/($mg \cdot kg^{-1}$)	4.113	3.338	1.855	1.465	1.132	0.852	0.592	0.339
	消解率/%		18.84	54.90	64.38	72.48	79.29	85.61	91.76
BN1	残留量/($mg \cdot kg^{-1}$)	4.022	3.191	1.777	1.288	1.015	0.707	0.429	0.196
	消解率/%		20.66	55.82	67.98	74.76	82.42	89.33	95.13
BN2	残留量/($mg \cdot kg^{-1}$)	3.995	3.102	1.652	1.135	0.945	0.639	0.316	0.112
	消解率/%		22.35	58.65	71.59	76.35	84.01	92.09	97.20
BN3	残留量/($mg \cdot kg^{-1}$)	3.921	2.982	1.611	1.077	0.822	0.506	0.221	0.097
	消解率/%		23.95	58.91	72.53	79.04	87.10	94.36	97.52

续表

喷药后时间/d		0	1	7	14	30	45	90	100
SN0	残留量/(mg·kg^{-1})	4.142	3.301	1.809	1.292	1.094	0.721	0.416	0.264
	消解率/%		20.30	56.33	68.81	73.59	82.59	89.96	93.63
SN1	残留量/(mg·kg^{-1})	4.023	3.098	1.762	1.195	0.972	0.657	0.328	0.151
	消解率/%		22.99	56.20	70.30	75.84	83.67	91.85	96.25
SN2	残留量/(mg·kg^{-1})	4.065	2.993	1.587	1.092	0.809	0.398	0.139	0.012
	消解率/%		26.37	60.96	73.14	80.10	90.21	96.58	99.70
SN3	残留量/(mg·kg^{-1})	3.914	2.971	1.601	1.068	0.812	0.501	0.202	0.096
	消解率/%		24.09	59.10	72.71	79.25	87.20	94.84	97.54

AT在土壤中的最终残留量对其安全使用及农田生态环境风险评估具有重要的意义。两年研究期各处理的AT在土壤中最终残留量见表7.2。2018年秋浇前仅BN3、SN2和SN3处理的土壤中AT残留量低于0.02 mg/kg或已完全消解,其他处理土壤中均有不等的AT;2019年秋浇前BN2,BN3,SN2,SN3处理的土壤中AT残留量低于0.02 mg/kg或已完全消解,其他处理仍有AT残留;两年CK处理AT均有较多残留,且除CK处理,2019年秸秆覆盖配施氮处理AT残留量均低于2018年。这可能与连续3年秸秆还田改变土壤理化性质有关,需深入研究。较多残留AT将随秋浇灌溉水渗入深层土壤,对农田环境存在污染的风险,即秸秆覆盖配施氮可促进AT消解,降低AT对农田环境污染的风险,SN2处理效果较好。

表7.2 各处理莠去津在土壤中最终残留量

残留量/(mg·kg^{-1})	CK	BN0	BN1	BN2	BN3	SN0	SN1	SN2	SN3
2018年	0.052	0.132	0.072	0.047	<0.02	0.099	0.056	<0.02	<0.02
2019年	0.066	0.125	0.069	<0.02	<0.02	0.078	0.047	<0.02	<0.02

注:莠去津检出限为0.02 mg/kg。

7.2 秸秆覆盖配施氮对土壤莠去津消解半衰期的影响

各处理土壤AT残留量与施药后时间回归见表7.3。各处理土壤AT动态消解符合一级动力学方程,拟合方程的决定系数R^2均大于0.925,达到显著水平($p<0.05$),拟合方程能较好地描述土壤AT残留量与时间的关系。

分析表7.3可知,各处理AT消解半衰期存在一定差异。除CK处理,2019年秸秆覆盖8个处理比2018年AT消解半衰期缩短0.8~2.6 d。SN2处理土壤AT消解半衰期最短,两年平均为15.4 d,较CK缩短3.9 d;BN0处理土壤莠去津消解半衰期最长,两年平均为25.6 d,较CK延长6.3 d,这说明秸秆覆盖配施不同水平氮肥,可在一定程度上缩短AT消解半衰期。

表7.3　不同处理下土壤莠去津消解动力学方程

年份	处理	消解动力学方程	决定系数R^2	半衰期$T_{0.5}$/d
2018	CK	$y=2.783e^{-0.0352x}$	0.977	19.7b
	BN0	$y=2.688e^{-0.0260x}$	0.935	26.7e
	BN1	$y=2.632e^{-0.0283x}$	0.937	24.5de
	BN2	$y=2.536e^{-0.0312x}$	0.947	22.1c
	BN3	$y=2.576e^{-0.0367x}$	0.961	18.9b
	SN0	$y=2.641e^{-0.0274x}$	0.934	25.3de
	SN1	$y=2.587e^{-0.0301x}$	0.949	23.1cd
	SN2	$y=2.747e^{-0.0414x}$	0.966	16.7a
	SN3	$y=2.677e^{-0.0367x}$	0.970	18.9b

续表

年份	处理	消解动力学方程	决定系数 R^2	半衰期 $T_{0.5}$/d
2019	CK	$y=2.763e^{-0.0367x}$	0.981	18.9b
	BN0	$y=2.684e^{-0.0283x}$	0.953	24.5d
	BN1	$y=2.642e^{-0.0299x}$	0.951	23.3cd
	BN2	$y=2.525e^{-0.0326x}$	0.952	21.3c
	BN3	$y=2.607e^{-0.0404x}$	0.960	17.1b
	SN0	$y=2.645e^{-0.0295x}$	0.953	23.5cd
	SN1	$y=2.564e^{-0.0326x}$	0.963	21.3c
	SN2	$y=2.920e^{-0.049x}$	0.925	14.1a
	SN3	$y=2.712e^{-0.0395x}$	0.977	17.5b

注：y—土壤中莠去津的残留量，mg/kg；x—喷药后的时间，d。

秸秆表覆处理AT消解半衰期随施氮水平提高呈缩短趋势，以BN3处理最短；秸秆深埋处理AT消解半衰期随施氮水平提高呈先短后长趋势，以SN2最短。同一施氮水平，中低氮水平秸秆深埋较秸秆表覆土壤AT消解半衰期缩短1.0~7.2 d，但高氮水平SN3、BN3与CK处理土壤AT消解半衰期差异不显著（$p>0.05$）。

7.3 莠去津消解半衰期与不同土层养分间的关系

AT在土壤中的消解不仅取决于自身性质，还与土壤中的养分有关。研究发现，有机质、偏碱性土壤及土壤黏粒含量高土壤中的高效氯氰菊酯消解速率较高，硫肟醚的消解半衰期缩短。本研究已连续开展3年秸秆还田试验，试验田土壤理化性质及其他指标较原始试验田有不同程度的改变（见2.2节、6.1节具体指标分析）。以往多集中研究整层土壤养分与AT消解半衰期的关系，而不同土层养分与AT半衰期间的关系较少见报道。

为进一步研究土壤养分与 AT 消解半衰期间的关系,本研究将秸秆覆盖配施氮模式下的土壤养分指标(SOM,TN,TP,AN,AP)的分层(0 ~ 20 cm 和 20 ~ 40 cm)含量与 AT 消解半衰期进行单向回归分析,结果见表 7.4。

分析表 7.4 可知,AT 在土壤中的消解半衰期与不同养分指标(SOM,TN,TP,AN,AP)在不同土层的含量表现出不同程度的负相关,其中与 SOM,TN,AN 的相关性较 TP,AP 的相关性大,且 SOM,TN,AN 在 20 ~ 40 cm 土层含量与莠去津半衰期的相关性较 0 ~ 20 cm 土层的相关性好,两年拟合的决定系数 R^2 均大于 0.914。这说明土壤有机质、全氮、碱解氮含量是 AT 在土壤中消解的主要影响因素,可能是因为有机质含量高,增加了土壤中微生物数量和活性,而全氮和碱解氮为微生物提供了活动所需的氮素,从而促进莠去津的消解。

随着生育期及喷药时间推移,表层(0 ~ 20 cm)养分逐渐降低,同时残留的莠去津随土壤水等入渗到大于 20 cm 土层,最终导致 20 ~ 40 cm 土层养分含量决定了莠去津的最终残留量和消解半衰期,即连续秸秆深埋配施氮肥有利于改善 20 ~ 40 cm 土层养分含量,有利于莠去津的消解。从年际间看,2019 年土壤的各样分指标分层含量与莠去津消解半衰期间的相关系数较 2018 年有所提高,且 20 ~ 40 cm 土层养分指标与莠去津消解半衰期的相关系数较 0 ~ 20 cm 土层大。

为进一步揭示不同土层的各养分指标含量对莠去津消解半衰期的影响,采用 SPSS 20.0 软件对莠去津消解半衰期与 9 个处理的 2 层土壤养分各指标含量进行逐步回归分析(设在 α=0.05 水平下引入各参变量,β=0.10 水平剔除参变量的临界值)。两年莠去津消解半衰期与不同土层各养分指标含量逐步回归方差的 F 检验值均达到(α=0.05)显著水平及(α=0.01)极显著水平。

表 7.4　莠去津半衰期与土壤养分含量的相关性分析

年份	土壤养分	土层深度/cm	拟合方程	决定系数 R^2
2018 年	SOM	0～20	$T_{0.5}$=-0.981SOM+35.40	0.260
		20～40	$T_{0.5}$=-0.895SOM+33.09	0.914
	TN	0～20	$T_{0.5}$=-18.842TN+39.741	0.552
		20～40	$T_{0.5}$=-26.526TN+47.67	0.921
	TP	0～20	$T_{0.5}$=-20.987TP+41.6	0.402
		20～40	$T_{0.5}$=-25.851TP+45.975	0.559
	AN	0～20	$T_{0.5}$=-0.126AN+27.4	0.581
		20～40	$T_{0.5}$=-0.203AN+30.704	0.916
	AP	0～20	$T_{0.5}$=-0.363AP+29.77	0.357
		20～40	$T_{0.5}$=-0.467AP+32.579	0.679
2019 年	SOM	0～20	$T_{0.5}$=-0.328SOM+25.06	0.396
		20～40	$T_{0.5}$=-0.623SOM+29.05	0.968
	TN	0～20	$T_{0.5}$=-12.617TN+33.862	0.582
		20～40	$T_{0.5}$=-14.968TN+37.041	0.945
	TP	0～20	$T_{0.5}$=-14.300TP+35.351	0.308
		20～40	$T_{0.5}$=-15.912TP+37.342	0.561
	AN	0～20	$T_{0.5}$=-0.110AN+26.713	0.697
		20～40	$T_{0.5}$=-0.162AN+29.256	0.951
	AP	0～20	$T_{0.5}$=-0.308AP+28.66	0.368
		20～40	$T_{0.5}$=-0.378AP+30.981	0.422

0～20 cm 土层各养分含量的偏回归系数均小于 0.479，20～40 cm 土层各养分（SOM，TN，TP，AN，AP）含量的偏回归系数分别为（0.946，0.886，0.523，0.937，0.592）和（0.963，0.892，0.623，0.945，0.674），故 20～40 cm 土层各养分含量对莠去津消解半衰期影响大于 0～20 cm 土层 SOM 含量的影响，且在 20～40 cm 土层各养分含量对莠去津消解的影响依次为：SOM≥AN≥TN≥AP≥TP。

同时,SOM,AN,TN 含量的偏回归系数达到 0.05 的显著水平,与 AT 消解半衰期呈显著负相关,这与单项回归分析结果一致。

土壤莠去津消解半衰期与不同层养分含量间进行的单项回归及逐步回归分析均表明,不同秸秆覆盖方式下,莠去津在土壤中的消解半衰期受 20 ~ 40 cm 土层 SOM 含量的影响较大,即秸秆深埋配施氮提高 20 ~ 40 cm 土层 SOM、TN 和 AN 含量越高,越有利于莠去津的消解,效果较秸秆表覆好。

7.4 本章讨论与小结

7.4.1 讨论

相比不施氮,施氮处理显著促进土壤 AT 降解,且秸秆深埋较秸秆表覆效果好,以 SN2 消解率最快,较 CK 处理平均提高 5.3%。各处理土壤 AT 残留量随时间变化符合一级动力学方程,决定系数 R^2 均大于 0.925($p<0.05$),能够较好描述土壤 AT 消解的变化。各处理两年土壤 AT 消解半衰期存在不同程度的差异,以 SN2 处理最短,较 CK 缩短 3.9 d,但秸秆覆盖的高氮处理(BN3 和 SN3)与 CK 处理 AT 消解半衰期差异不显著($p>0.05$)。这是因为秸秆覆盖配施氮肥改变了土壤 C/N,提高 SOM,TN,AN,TP,AN 等养分含量,促进土壤团聚体形成,增加土壤秸秆稳定性,有利于 AT 的吸附消解;同时,SOM 能有效缓解 AT 对土壤微生物的毒害作用,AN 和 AP 能够影响土壤微生物数量和活性,增强微生物代谢,加速 AT 的降解,从而缩短 AT 消解半衰期。另外,具有发达根系的植物能够促进根际微生物菌群对有机污染物的吸附降解,将有机污染物质转化为植物根系可直接吸收的糖类、氨基酸等小分子物质,提高微生物对有机污染物的降解率。而秸秆深埋配施适宜氮量可改善夏玉米根系环境,形成发达的根系,有利于缩短 AT 消解半衰期。

通过对不同土层(0～20 cm 和 20～40 cm)的 SOM,TN,AN,TP,AP 含量与 AT 消解半衰期间进行单项回归及逐步回归分析表明,AT 消解半衰期与 20～40 cm 土层 SOM,TN,AN 含量相关性较好(R^2>0.916),逐步回归的偏相关系数均大于 0.886,对土壤 AT 消解的影响较大。分析原因可能是随着作物生育期推移,表层养分逐渐被作物等消耗,无外源补给;同时,地面灌溉、降雨等因素共同作用,残留的 AT 逐渐淋溶到表层以下;且高含量的有机质土壤可增加微生物数量和活性,而 TN 和 AN 提供微生物所需氮素,导致 20～40 cm 土层 SOM,TN,AN 含量决定着 AT 消解率,影响消解半衰期,即连续秸秆深埋配施氮肥有利于改善 20～40 cm 土层养分含量,特别是提高 SOM,AN,TN 含量,有利于促进 AT 的消解。

7.4.2　小结

①不同秸秆覆盖方式与施氮量的耕作模式下,土壤莠去津残留量随时间变化符合一级动力学方程,各处理以秸秆深埋配施中氮水平 SN2 处理消解最快,半衰期最短,较 CK 的消解率平均提高 5.3%,消解半衰期平均缩短 3.9 d。

②秸秆覆盖下的土壤养分与莠去津消解半衰期存在不同程度的相关性,通过单项回归及逐步回归发现,20～40 cm 土层土壤有机质、全氮和碱解氮含量对莠去津消解半衰期影响较大,中氮的秸秆深埋(SN2)处理可实现促进莠去津消解的目标。

8　秸秆覆盖-施氮耦合对夏玉米根系及植株氮吸收转运率的影响

8.1　秸秆覆盖-施氮耦合对夏玉米根长密度的影响

不同秸秆覆盖方式配施不同施氮水平下夏玉米各生育期根长密度（RLD）在土壤剖面上的空间分布存在不同程度的差异，但两年间各处理RLD分布趋势基本一致，如图8.1、图8.2所示。

从秸秆覆盖方式角度分析，在0～20 cm土层，秸秆表覆处理的平均RLD较秸秆深埋、CK处理显著提高12.8%，14.2%；在20～40 cm土层，秸秆深埋处理的平均RLD较秸秆表覆、CK处理显著提高11.7%，15.8%；在大于40 cm土层秸秆深埋处理平均RLD较秸秆表覆、CK处理显著提高41.7%，46.5%。说明秸秆表覆可显著提高表层0～20 cm土层RLD，秸秆深埋有利于深层根系生长发育，特别是大于40 cm土层的RLD显著提高（$p<0.05$）。

从施氮量角度分析，在0～20 cm土层，RLD随施氮量增加表现为先增后减，不施氮（N0）和低氮（N1）处理较CK处理显著降低，平均下降25.2%，13.9%（$p<0.05$），中氮（N2）和高氮（N3）处理较CK处理平均提高4.9%，3.8%，说明低氮水平显著降低表层根系RLD，而中高氮水平不会显著提高表层根系RLD，与CK处理差异不显著（$p>0.05$）；在20～40 cm土层的RLD，不施氮（N0）和低氮（N1）处理较CK处理显著降低，平均下降28.3%，14.9%，中氮（N2）和高氮（N3）处理较CK处理平均提高8.7%，10.3%；在大于40 cm土层，不施氮(N0)处理RLD较CK处理显著下降37.1%,其他3个施氮处理平均较CK处理提高3.9%,57.5%,56.0%($p<0.05$)。说明在秸秆覆盖下,施氮量不足对深层根系RLD的影响比表层根系显著,并且中高氮处理对深层RLD提高效果显著,有利于深层根系生长。

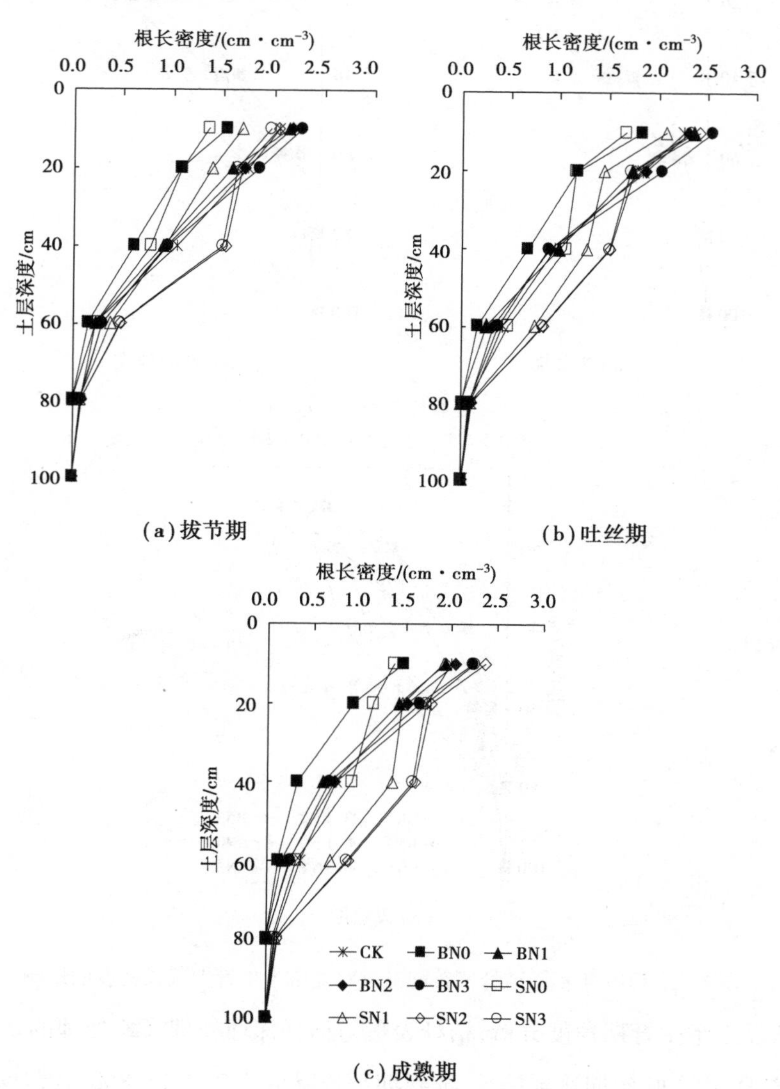

图8.1 2018年不同秸秆覆盖配施氮对夏玉米生育期根长密度的影响

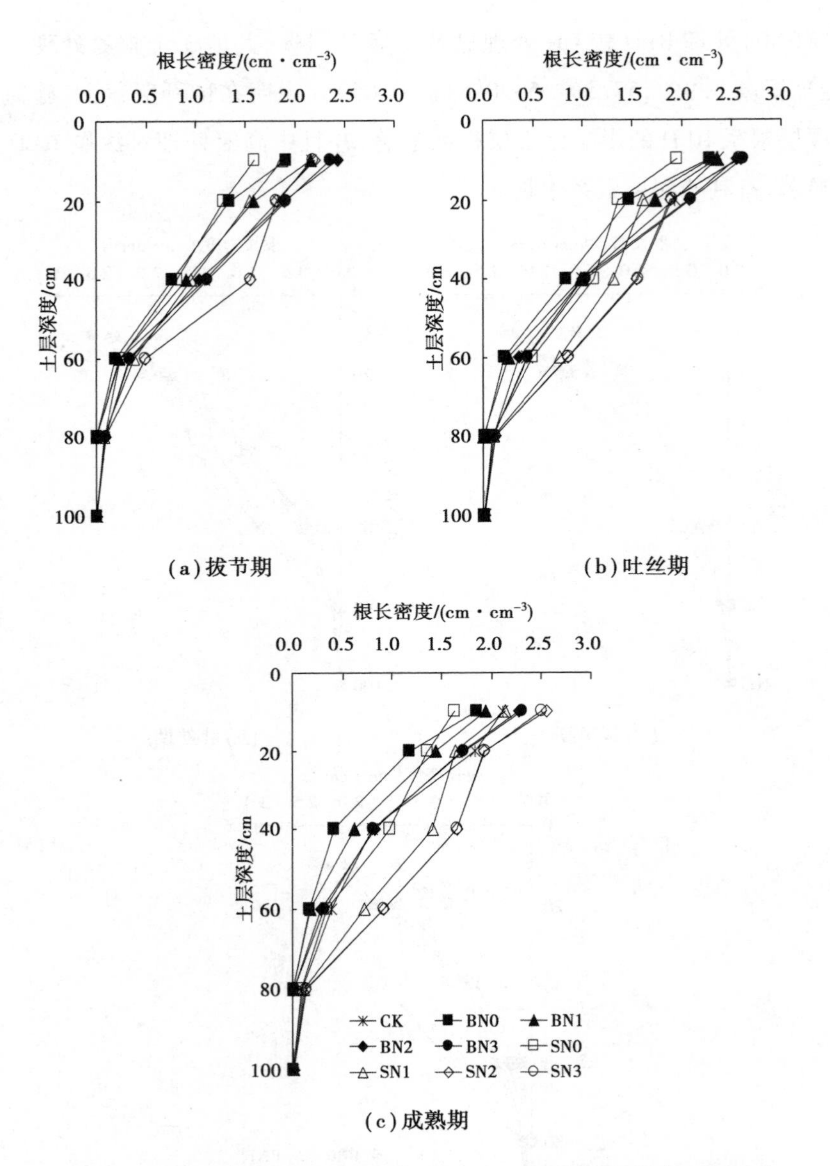

图 8.2 2019 年不同秸秆覆盖配施氮对夏玉米生育期根长密度的影响

从夏玉米生育期角度分析,秸秆表覆与秸秆深埋处理、CK 处理的 0 ~ 20 cm 土层 RLD,均在吐丝期达到最大,成熟期平均降低 7.2% ,16.8% ,10.1% 。不施氮(N0)和低氮(N1)处理 RLD 在各生育期较 CK 显著降低,中氮(N2)和高氮

(N3)处理的 RLD 在各生育期较 CK 处理显著提高,但差异不显著(p>0.05)。在大于 40 cm 土层,各处理随着夏玉米生育期推移 RLD 逐渐增大,但到成熟期,CK 和秸秆表覆处理在该土层的 RLD 显著下降,所占 1 m 土层的 RLD 比重均小于 2.1%。除了不施氮处理(SN0),其他秸秆深埋施氮处理,在大于 40 cm 土层的 RLD 平均占 1 m 土层比例分别为 6.3%,9.6%,10.1%,且较 CK 处理显著提高 6.8%,67.5%,68.1%。说明秸秆深埋配施氮肥有利于夏玉米根系下扎,促进深层根系发育,随施氮量增加而增加,但中高氮处理差异不显著(p>0.05)。

Barraclough 指出,当作物的 RLD < 0.8 ~ 1.0 cm/cm^3 时,作物吸收水分和养分将受到影响。两年各处理夏玉米不同生育期在 20 ~ 40 cm 土层 RLD 分布及占 1 m 试验土体总 RLD 的百分比如图 8.3、图 8.4 所示。可知,秸秆深埋较秸秆表覆处理、CK 处理在各生育期的 RLD 及 RLD 所占比例显著提高,除不施氮(SN0)处理,其他秸秆深埋处理在 20 ~ 40 cm 土层 RLD 均为 0.95 ~ 1.53 cm/cm^3,而秸秆表覆仅 BN2,BN3,CK 处理在拔节期和吐丝期 RLD 为 0.8 ~ 1.08 cm/cm^3,并且较秸秆深埋相应施氮处理 RLD 显著小,其他秸秆表覆处理 RLD 未达到 0.8 cm/cm^3,可能会影响夏玉米对水分养分的吸收利用,进而影响夏玉米的性状及产量。

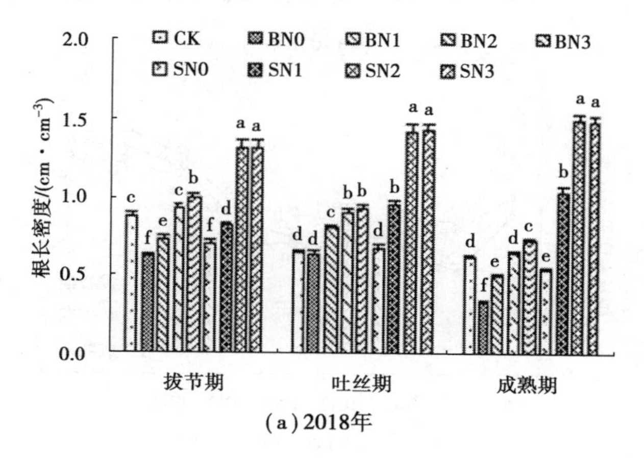

(a) 2018年

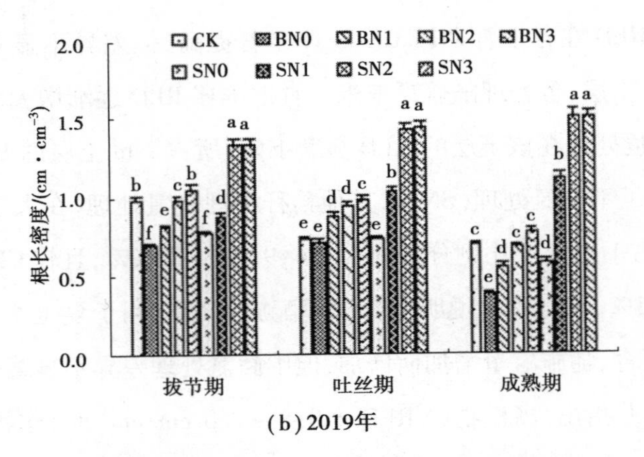

图 8.3　不同处理的 20～40 cm 土层根长密度柱状分布图

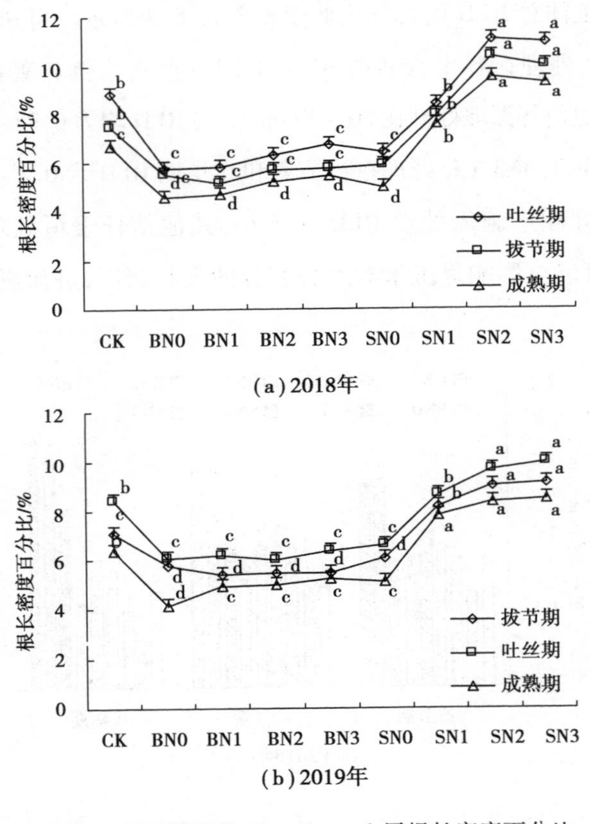

图 8.4　不同处理的 20～40 cm 土层根长密度百分比

随着生育期的推移,SN1,SN2,SN3处理在20～40 cm土层的RLD有增大的趋势,而其他处理在该土层RLD先增后减。在各生育期,随施氮量增大,20～40 cm土层的RLD逐渐增大;夏玉米成熟期,秸秆表覆处理RLD趋于稳定,秸秆深埋处理有增加的趋势,特别是SN2,SN3处理,增加效果显著。分析各处理在20～40 cm土层RLD的百分比,在夏玉米各个生育期,秸秆表覆各处理的RLD百分比无显著差异($p>0.05$),平均较CK处理下降9.1%～17.1%($p<0.05$),说明秸秆表覆配施氮肥提高20～40 cm土层根系生长效果不显著,而秸秆深埋各处理除SN0外,其他处理较CK处理平均提高12.3%～25.3%($p<0.05$)。

8.2　秸秆覆盖-施氮耦合下夏玉米氮素转运利用的响应

8.2.1　秸秆覆盖-施氮耦合对夏玉米植株吸氮量的影响

不同秸秆覆盖方式配施不同施氮水平对夏玉米植株吸氮量的影响如图8.5所示。从不同施氮水平分析,与不施氮(N0)相比,施氮处理显著提高夏玉米植株吸氮量($p<0.05$),随施氮水平提高而增加,但增幅逐渐变缓;同一施氮水平下,秸秆深埋处理较秸秆表覆处理显著提高植株吸氮量,SN0,SN1,SN2,SN3分别较BN0,BN1,BN2,BN3植株吸氮量平均提高9.2%,15.0%,32.0%,21.1%;秸秆深埋的中高氮处理(SN2和SN3)吸氮量差异不显著,秸秆表覆的中高氮处理在2019年吸氮量差异也不显著($p>0.05$),但在2018年BN3较BN2处理显著提高吸氮量13.9%。秸秆表覆的最大植株吸氮量的处理是BN3,较CK平均提高仅0.21%,秸秆深埋处理最大植株吸氮量处理是SN2,较CK平均提高20.4%($p<0.05$)。

从年际间分析,2019年各处理的夏玉米植株吸氮量较2018年提高6.7%～19.9%($p<0.05$),以BN0和SN0处理提高幅度最大,分别为19.9%和14.0%,2018年秸秆覆盖的中氮和高氮处理差异不显著($p>0.05$)。这可能是因为两年研究期降雨量、温度等气象因素导致的,需进一步研究地面灌溉和降雨等外界因素对夏玉米植株吸氮量的具体影响。

对比分析图8.3—图8.5可知,在夏玉米成熟期,秸秆深埋的20~40 cm土层根长密度与夏玉米植株吸氮量的变化趋势基本一致,这从根系分布的角度说明秸秆深埋处理显著提高20~40 cm土层的根长密度,对促进夏玉米植株吸氮量具有积极的作用,并且植株吸氮量随深层根系根长密度的增大而提高,但秸秆表覆处理仅显著提高0~20 cm土层的根长密度,对提高植株吸氮量的作用有限。

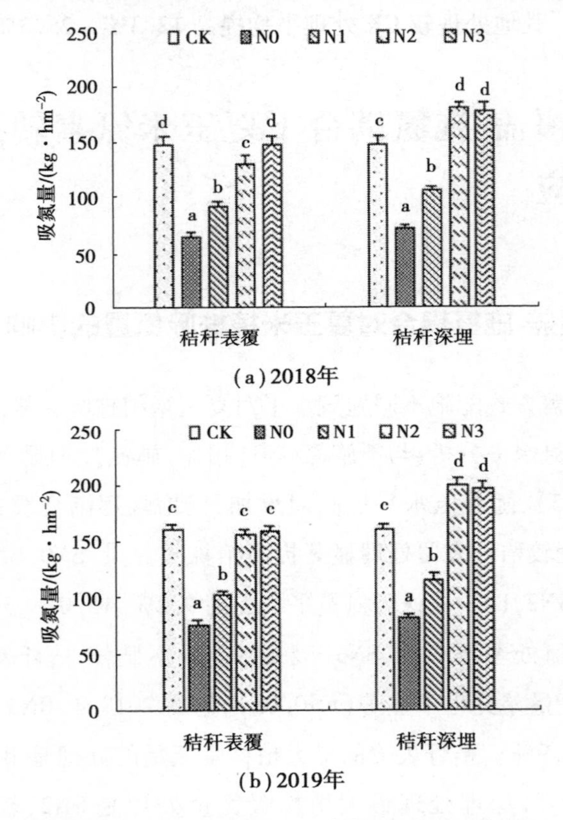

图8.5　夏玉米成熟期不同处理的植株吸氮量

8.2.2　秸秆覆盖-施氮耦合对夏玉米氮素转运效率的影响

氮素的分配随着作物生长中心的转移而变化。夏玉米的叶、茎秆和穗(包括苞叶和穗轴)随着生育进程推进,逐渐将氮素向穗转移,并在籽粒中逐渐累积,且植株各器官对养分的吸收、转运与分配是产量形成的基础,直接影响着夏玉米产量的高低。各处理对夏玉米植株各器官氮素转运效率的影响见表8.1。不同秸秆覆盖方式配施不同施氮水平在夏玉米叶、茎秆和穗(包括苞叶和穗轴)中氮素转运量(Nitrogen Translocation, NT)、转运率(Nitrogen Translocation efficiency,NTE)及对籽粒贡献率(Nitrogen Translocation to Proportion,NTP)等方面的影响均表现出显著水平($p<0.05$)或极显著水平($p<0.01$)。

表8.1 各处理对夏玉米器官氮素转移效率的影响

年份	处理	叶			茎			穗		
		NT /(g·株$^{-1}$)	NTE /%	NTP /%	NT /(g·株$^{-1}$)	NTE /%	NTP /%	NT /(g·株$^{-1}$)	NTE /%	NTP /%
2018	CK	0.71c	31.0c	24.7c	0.59e	23.9d	20.5d	0.15e	12.6e	5.2de
	BN0	0.41a	21.4a	19.9a	0.25a	12.0a	13.6a	0.04a	4.0a	2.2a
	BN1	0.51b	25.5b	22.3b	0.42c	19.9c	16.4b	0.08c	7.7c	3.1b
	BN2	0.75cd	33.3cd	24.9c	0.52d	20.2c	16.8b	0.15e	13.0e	5.0d
	BN3	0.81d	34.8de	26.2c	0.59e	25.5d	19.6cd	0.17f	13.2e	5.5e
	SN0	0.52b	25.7b	26.1c	0.31b	14.5b	15.5b	0.06b	5.6b	3.0b
	SN1	0.81d	37.6ef	29.4d	0.51d	23.5d	18.5c	0.10d	9.2d	3.6c
	SN2	1.12f	48.4g	34.3e	0.78f	31.0e	23.9e	0.21g	17.2f	6.4f
	SN3	0.94e	38.3f	29.9d	0.61e	23.8d	19.4cd	0.17f	13.3e	5.4de
2019	CK	0.75c	32.4c	25.3b	0.56c	23.0cd	18.9bc	0.16d	14.1g	5.4f
	BN0	0.47a	24.3a	21.5a	0.32a	14.6a	16.7a	0.03a	2.7a	1.6a
	BN1	0.57b	27.6b	24.6b	0.47b	20.0b	17.8ab	0.11c	9.4d	3.5c
	BN2	0.88d	35.6d	28.3cd	0.55c	21.1bc	17.5ab	0.11c	8.4c	4.2d
	BN3	0.91d	35.7d	29.0d	0.63d	25.7e	20.2c	0.15d	12.2f	4.8e
	SN0	0.55b	27.9b	26.2bc	0.36a	16.1a	17.2ab	0.05b	4.5b	2.4b
	SN1	0.88d	40.9e	28.7cd	0.54c	23.4d	17.6ab	0.12c	10.4e	3.9d
	SN2	1.23e	49.9f	36.6e	0.81e	32.7f	24.1d	0.23f	18.4h	6.8g
	SN3	0.93d	36.9d	28.9d	0.65d	25.5e	20.2c	0.18e	14.1g	5.6f

续表

年份	处理	叶			茎			穗		
		NT /(g·株$^{-1}$)	NTE /%	NTP /%	NT /(g·株$^{-1}$)	NTE /%	NTP /%	NT /(g·株$^{-1}$)	NTE /%	NTP /%
ANOVA 分析 *F* 值										
秸秆		161.2**	218.6**	126.0**	106.7**	115.2**	44.9**	59.5**	61.6**	35.4**
氮		188.3**	160.9**	39.1**	279.3**	259.8**	61.3**	186.7**	178.4**	100.6**
秸秆×氮		19.4**	24.7**	14.6**	8.6**	5.8*	4.8*	7.5**	6.3*	4.7*

注：NT—某器官氮素转运量；NTE—某器官氮素转运率；NTP—某器官氮素转运量对籽粒产量的贡献率，%；穗包括穗轴和苞叶。* 表示显著（$p<0.05$），** 表示极显著（$p<0.01$），下同；同列数据后不同小写字母表示处理间差异显著（$p<0.05$），下同。

从秸秆覆盖方式分析，秸秆表覆的夏玉米叶，茎和穗的 NT，NTE，NTP 和产量随施氮水平的提高而有不同程度的增加，以 BN3 处理最大。BN3 处理的夏玉米叶和茎的 NT，NTE，NTP 较 CK 处理有不同程度提高 6.1% ~17.8%（$p<0.05$）；夏玉米穗的 NT，NTE，NTP 在 2018 年与 CK 处理的结果差异不显著（$p>0.05$），但在 2019 年却较 CK 处理显著降低，说明秸秆表覆对夏玉米各器官氮素转运利用效果不显著。秸秆深埋的叶、茎和穗的 NT，NTE，NTP 和产量随施氮水平提高呈先增后降趋势，以 SN2 处理最大，其 NT，NTE，NTP 较 CK 平均提高 19.2%，30.8%，22.3%，说明秸秆深埋配施中氮（SN2）处理显著促进夏玉米氮素转运利用率。

从不同施氮水平看，同一施氮水平下，秸秆深埋较秸秆表覆处理的 NT，NTE，NTP 均显著提高（$p<0.05$）；秸秆覆盖的无氮（N0）和低氮（N1）处理夏玉米各器官氮转运总量 NT 较 CK 平均下降 6.9% ~32.6%；中氮（N2）处理较 CK 平均提高 5.9% ~28.9%，常规施氮（N3）处理较 CK 平均提高 2.4% ~12.1%。说明秸秆覆盖下，适当增施氮可促进夏玉米氮素的转运利用，过量施氮反而抑制夏玉米氮素的转运利用。

本研究发现,施氮量显著影响植株各器官的氮素转运及对籽粒的贡献率,并且植株不同器官间氮素转运量差异显著($p<0.05$),夏玉米在生长后期植株叶与茎秆的氮素以向籽粒转运为主,且叶转移氮素对籽粒产量的贡献率 NTP 最大,其次是茎和穗(苞叶和穗轴)。秸秆表覆各处理的夏玉米器官氮素同化产物的 NTP 总和为 38.1% ~53.3%,除了 BN3 与 CK 处理无显著差异($p>0.05$),其他 3 个处理 2 年平均较 CK 处理降低了 5.2% ~13.0%;秸秆深埋各处理夏玉米各器官氮素同化产物对籽粒产量贡献率 NTP 总和为 44.6% ~67.5%,较 CK 处理平均提高 8.4%,以 SN2 处理最大。

分析不同秸秆覆盖方式及施氮水平对夏玉米各器官氮素转运指标影响的方差可知,二者及其互作效应对夏玉米各器官氮素转运的 3 个指标(氮素转运量 NT、氮素转运率 NTE 及氮素转运量对籽粒产量的贡献率 NTP)具有显著的影响($p<0.05$),且 3 个指标在不同秸秆覆盖方式间的差异大于施氮水平间的差异,在秸秆覆盖方式和施氮水平间存在显著($p<0.05$)或极显著($p<0.01$)的效应。秸秆覆盖配施适量氮肥,可有效促进夏玉米氮素的转运利用,提高氮素转运量对夏玉米籽粒产量得出贡献率,充分发挥植株供氮和库容潜力,形成良好的库-源平衡而高产,以秸秆深埋配施中氮(SN2)效果较佳,其各器官氮素同化产物对籽粒产量贡献率 NTP 总和较 CK 处理提高了 32.1%。

8.2.3 秸秆覆盖-施氮耦合对夏玉米产量及氮素利用率的影响

穗长、穗粗、百粒重是夏玉米产量的主要农艺性状,直接影响夏玉米产量的高低及收获指数的大小。研究期各处理对夏玉米产量及相关要素的影响见表 8.2。

表 8.2 不同处理对夏玉米产量及收获指数的影响

年份	处理	穗长/cm	穗粗/cm	百粒质量/g	产量/(kg·hm^{-2})	收获指数
2018	CK	20.47bc	4.95a	28.61b	7 384.96b	0.37ab
	BN0	15.66e	3.91d	21.67e	4 548.95e	0.32d
	BN1	17.67d	4.26bc	25.19cd	5 245.97d	0.33c
	BN2	20.13c	4.92ab	26.43c	7 248.33b	0.36b
	BN3	20.61bc	5.05a	28.60b	7 315.27b	0.38ab
	SN0	16.01e	4.12d	23.42d	4 879.98de	0.33c
	SN1	19.86c	5.02a	26.15c	5 836.52c	0.35bc
	SN2	23.62ab	5.43a	31.14a	8 103.08ab	0.40a
	SN3	23.42a	5.38a	31.31a	7 633.30a	0.38ab
2019	CK	22.40ab	5.17bc	30.12b	7 599.60b	0.38b
	BN0	17.50e	4.78d	21.53e	5 351.70d	0.32d
	BN1	18.80d	5.08c	26.52cd	5 828.85c	0.36c
	BN2	21.43bc	5.23bc	28.86bc	7 525.35b	0.39b
	BN3	22.90ab	5.37b	30.11b	7 730.55a	0.40a
	SN0	17.23e	4.93cd	24.65d	5 422.20d	0.34c
	SN1	19.63cd	5.12c	28.19bc	6 143.70c	0.38b
	SN2	24.10a	5.54a	32.78a	8 268.45a	0.43a
	SN3	23.90a	5.49a	32.89a	8 035.05a	0.42a
ANOVA 分析 *F* 值						
秸秆		82.48**	14.18**	50.49**	16.76**	12.1**
氮		121.17**	59.55**	126.14**	106.64**	23.6**
秸秆×氮		3.53*	16.31**	11.73**	12.96*	5.3*

同一施氮水平下,秸秆深埋处理的穗长和穗粗较秸秆表覆处理均有不同程度的提高。秸秆表覆处理的穗长、穗粗均随施氮量增加呈增大趋势,以 BN3 处理最大,平均较 CK 分别提高 1.5% 和 3.0%,二者差异不显著($p>0.05$);而秸

秆深埋处理的穗长和穗粗则表现为先增后减的趋势，以 SN2 处理最大，较 CK 处理分别提高 11.3% 和 8.4%（$p<0.05$）。秸秆表覆处理仅常规施氮（BN3）处理与 CK 的百粒质量无差异（$p>0.05$），其他处理较 CK 的百粒质量显著降低；而秸秆深埋处理的中高氮水平较 CK 处理的百粒质量分别提高 8.8% 和 9.3%（$p<0.05$），其他 2 个处理较 CK 分别降低 18.1% 和 7.4%。

秸秆表覆处理夏玉米产量随施氮水平提高而增加，但增加幅度逐渐减小，配施高氮处理（BN3）产量最高，仅较 CK 增产 0.4%，增产效果不显著；秸秆深埋处理的夏玉米产量随施氮水平提高表现为先增后减，中氮（SN2）水平产量达到最大，较 CK 平均增产 9.3%（$p<0.05$），且夏玉米产量与各处理百粒质量的变化趋势是一致的。同一施氮水平，秸秆深埋处理较秸秆表覆处理夏玉米产量均有不同程度的提高，随施氮量的增加产量提高幅度变缓，2 年间秸秆深埋处理的产量较秸秆表覆处理分别平均提高 4.3%，8.8%，10.8%，4.1%。

分析图 8.3—图 8.4 和表 8.2 可知，秸秆深埋处理条件下夏玉米产量与 20～40 cm 土层 RLD 的变化趋势一致，这说明秸秆深埋处理通过增加深层 RLD 提高根系吸收水分和养分，进而提高夏玉米产量，而秸秆表覆处理显著增加 0～20 cm 土层 RLD，但对深层土壤中的水分和养分的提取作用有限，对夏玉米中后期生长和产量的提高效果不佳。另外，从年际间分析，2019 年（多雨年份）CK 处理的产量较 2018 提高 2.9%，秸秆表覆提高 6.9%，秸秆深埋提高 4.1%，说明随降雨增多，秸秆表覆处理较 CK 对作物增产更有利，但秸秆深埋增产效果不显著，其更适宜少雨年份。

收获指数（Harvest Index，HI）是反映作物产量的另一个重要的指标，其表征作物同化产物在籽粒和营养器官上的分配比例。它是指穗部籽粒质量与地上部干物质质量之比。穗部形态、N 素水平等对 HI 都有显著的影响。不同处理下 HI 在 0.32～0.43 变化，存在不同程度的差异，表明夏玉米的 HI 易受施氮量及秸秆覆盖方式的影响。同一施氮水平下，秸秆深埋处理较秸秆表覆处理的 HI 均有不同程度的提高，2 年间平均分别提高了 6.3%，5.6%，10.3%，5%。秸秆表覆处理的 HI 随着施氮量的增加而增大，但增幅逐渐减小，以高氮水平（BN3 处理）的 HI 最大，较 CK 处理提高了 4.5%（$p>0.05$）；秸秆深埋处理下，HI 随施氮量增加呈先增加后减小的趋势，中氮水平（SN2）时 HI 最大，较 CK 处理提高了 10.7%（$p<0.05$），且 SN2，SN3 差异不显著（$p>0.05$）。

分析不同秸秆覆盖方式及施氮水平对夏玉米产量及相关指标影响的方差可知，二者及二者互作效应对夏玉米产量及相关指标（穗长、穗粗、百粒质量和收获指数）具有显著的影响（$p<0.05$），在秸秆覆盖方式和施氮水平间存在显著（$p<0.05$）或极显著（$p<0.01$）的效应。这与 4.3.2 小节氮素转运利用率变化趋势是一致的。因秸秆覆盖配施适量氮，有效促进了夏玉米植株各器官氮素转运利用率而达到提高产量及相关指标的目的。秸秆深埋配施中氮（SN2）处理增产效果显著，优于其他处理方式。

为进一步分析不同秸秆覆盖方式与施氮水平对夏玉米产量的影响，非线性拟合 2018 年夏玉米产量与施氮水平间的关系。

2018 年秸秆覆盖各处理夏玉米产量与施氮水平间关系如图 8.6 所示，均呈二次函数关系，即

$$Y=-1.10X^2+439.93X-36136,\quad R^2=0.985 \tag{8.1}$$

$$Y=-1.27X^2+491.97X-41446,\quad R^2=0.925 \tag{8.2}$$

式中　Y——夏玉米产量，kg/hm²；

X——减量施氮水平，kg/hm²。

用 2019 年实测值率定得到图 8.7。结果表明，模型可较好地描述在不同秸秆覆盖下氮肥减施水平与夏玉米产量间的关系。可知，秸秆深埋施氮量为 193.7 kg/hm²，即相对常规施氮量减少 14% 时夏玉米理论产量最高，为 8 348.2 kg/hm²；秸秆表覆施氮量为 200.0 kg/hm²，即相对常规施氮量减少 11% 时夏玉米理论产量最高，为 7 850.0 kg/hm²。秸秆深埋较秸秆表覆增产效果好，故秸秆深埋与减施 14% ~20% 常规施氮量（180 ~ 193.7 kg/hm²），可实现减氮增产的目标。

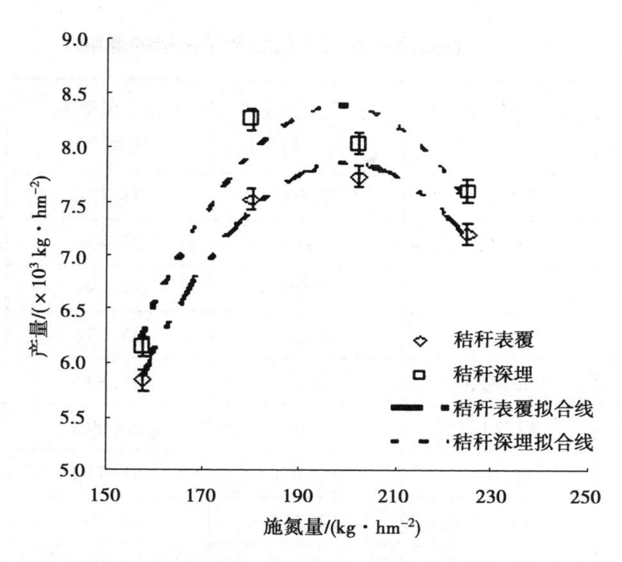

图 8.6　2018 年不同秸秆覆盖方式下夏玉米产量与施氮量间的拟合关系

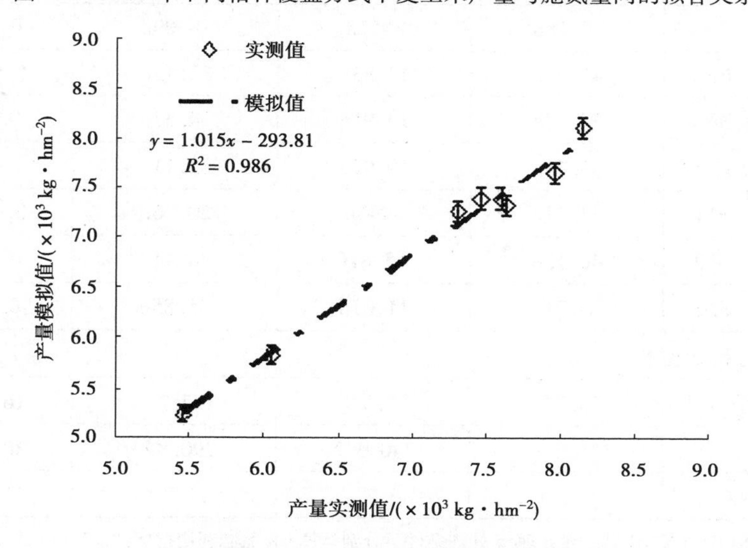

图 8.7　2019 年夏玉米产量实测值与模拟值的关系

不同秸秆覆盖方式与施氮量对夏玉米氮肥利用率指标影响见表 8.3。可知，不同秸秆表覆-施氮耦合对氮肥偏生产力（PFPN）、氮肥农学效率（AEN）、氮肥利用率（REN）及氮收获指数（HIN）的影响趋势基本一致，秸秆深埋-施氮耦合处理较秸秆表覆-施氮耦合及 CK 处理提升各项氮素利用指标的效果显著（$p<0.05$）。

表 8.3 各处理对夏玉米氮肥利用指标的影响

年份	处理	氮肥偏生产力/(kg·kg^{-1})	氮肥农学效率/(kg·kg^{-1})	表观氮肥利用率/%	氮收获指数
2018	CK(B)	32.82a	12.60d	33.12c	0.57c
	BN1	38.86b	5.16a	21.43a	0.47a
	BN2	40.27bc	15.00e	34.09c	0.55c
	BN3	32.88a	12.29d	35.21c	0.57c
	CK(S)	32.82a	11.13c	31.84c	—
	SN1	43.23cd	7.09b	26.09b	0.52ab
	SN2	45.02d	17.91f	41.71d	0.66d
	SN3	33.93a	12.24d	35.89c	0.59c
2019	CK(B)	33.71a	11.23d	33.75c	0.55c
	BN1	39.18b	3.53a	18.09a	0.44a
	BN2	41.56b	13.83e	32.13c	0.51bc
	BN3	34.69a	10.91c	34.33c	0.56c
	CK(S)	33.71a	10.92c	32.11c	—
	SN1	43.31c	5.34b	20.96b	0.48ab
	SN2	46.13c	15.81f	40.44d	0.61d
	SN3	35.71a	11.61d	35.85c	0.56c
ANOVA 分析 *F* 值					
秸秆		26.9**	22.3**	147.2**	16.1**
氮		71.9**	340.3**	290.8**	30.6**
秸秆×氮		2.8*	3.7*	11.0**	7.3*

注:表中 CK(B)、CK(S)为在 B 处理、S 处理条件下分别计算 CK 氮肥利用指标;"—"为此处无数据。

从施氮水平看,BN1,BN2,BN3 较 CK(B)的 PFPN 平均提高 17.3%,23.0%,1.5%;SN1,SN2,SN3 较 CK(S)的 PFPN 平均提高 29.7%,37.0%,4.7%。说明秸秆覆盖与低中水平氮较 CK 显著提高 PFPN,随施氮量增加呈先增后降趋势($p<0.05$)。从不同秸秆覆盖方式分析,同一施氮水平下,秸秆深埋

处理较秸秆表覆处理 PFPN 平均提高 10.5%,11.3%,3.1%。2019 年各处理的 PFPN 较 2018 年提高 0.5% ~5.5%,施氮水平越高,增幅越大。REN 和 AEN 的变化趋势与 PFPN 类似。二者同一施氮水平下,秸秆深埋处理较秸秆表覆处理高,并且增大的幅度随施氮水平增大表现为先增后降。各处理氮肥利用指标(PFPN,AEN,REN)均以 SN2 处理最大,分别较 CK 平均提高 37.0%,52.9%,28.5%。

氮收获指数(HIN)反映夏玉米地上部植株中氮素的分配情况,表 8.3 中 HIN 是夏玉米籽粒被分配的氮素,对产量的形成具有决定性的作用,不同处理间 HIN 在 0.44 ~0.66 变化。分析结果表明,秸秆表覆处理的 HIN 随着施氮量的增加而增加,以 BN3 处理为最大,较 CK 处理仅平均提高 0.9%,差异不显著($p>0.05$);而秸秆深埋处理的 HIN 随着施氮量的增加呈现先增加后减少的趋势,以 SN2 处理最大,较 CK 提高 13.4%($p<0.05$)。说明秸秆覆盖配施适宜氮肥量可提高氮肥利用率,秸秆覆盖配施氮对夏玉米氮肥利用指标存在显著或极显著的交互效应,且以秸秆深埋方式效果显著。

对比分析图 8.3—图 8.4 和表 8.3 可知,秸秆深埋的 3 个氮肥利用指标整体趋势与 20 ~40 cm 土层根长密度在成熟期的趋势基本一致,随该土层根长密度的增加,PFPN,AEN,REN 也增加。在成熟期,高氮的秸秆深埋处理的根长密度差异不显著,但 SN2 较 SN3 处理的 PFPN,AEN,REN 平均提高 30.9%,41.3%,14.5%($p<0.05$),说明高氮水平虽可提供植株根系生长所需养分,但氮利用效率显著下降,也说明了适宜的施氮水平能够促进根系生长,提高氮肥的利用,过量施氮反而抑制氮素利用。

通过分析不同处理氮肥利用指标方差(表 8.3)发现,秸秆覆盖方式、施氮量及其耦合对氮肥利用的 4 个指标(氮肥偏生产力 PFPN、氮肥农学效率 AEN、氮肥利用效率 REN 及氮肥收获指数 HIN)具有显著影响($p<0.05$),在秸秆覆盖方式和施氮水平之间存在着显著($p<0.05$)或极显著($p<0.01$)的交互效应。秸秆覆盖配施适量氮肥,能有效地提高氮肥的利用,以秸秆深埋配施中氮(SN2)处理的效果最佳。

8.3 本章讨论与小结

8.3.1 讨论

通过田间试验研究发现,不同秸秆覆盖方式配施适量氮肥能够有效提高根长密度,但过量施氮肥反而抑制根系生长,并且秸秆覆盖下施氮量对深层根系的影响大于表层根系。在夏玉米生育后期秸秆深埋处理(除 NO 处理)的深层根长密度有增大的趋势,根长密度大于 0.8 ~ 1.0 cm/cm^3 的百分比显著增大($p<0.05$),尤其是秸秆深埋配施中氮(SN2)处理整体效果较显著,平均较 CK 处理提高深层根长密度占比 67.5%($p<0.05$)。深层根长密度的提高对干旱区作物吸收水分、养分及增产具有重要的意义。

试验结果表明,秸秆深埋处理的夏玉米植株吸氮量与秸秆表覆处理存在不同程度的差异,并且在适宜的施氮范围内可显著提高植株吸氮量。以 SN2 处理的夏玉米植株吸氮量最大,2 年平均较 CK 处理提高 20.4%($p<0.05$),并且深层 RLD 与夏玉米吸氮量的变化趋势一致,即随着深层 RLD 的增加而提高植株吸氮量;虽然秸秆表覆处理显著提高表层 RLD,但对提高植株吸氮量作用有限,这与康利允等开展的冬小麦植株吸磷量研究结论类似。

氮肥偏生产力 PFPN、氮肥农学效率 AEN、氮肥利用率 REN 及氮肥收获指数 HIN 是表征氮肥利用效率的重要指标,影响着植株氮素吸收转运及产量的形成。本研究发现,同一施氮水平下,秸秆深埋处理较秸秆表覆处理效果好,不同程度提高氮肥利用率,各处理均以氮肥中水平(N2)效果好,SN2 处理效果最显著。2 年间 SN2 处理的 PFPN, AEN, REN 较 CK 平均提高 34.1%,52.8%,66.8%($p<0.05$),秸秆表覆中 BN3 处理 HIN 最高,除了 BN3 的 HIN 与 CK 无显著差异,其他 3 个处理较 CK 显著降低;秸秆深埋的 SN2 处理的 HIN 较 CK 提高 13.4%。秸秆覆盖下各处理的氮肥利用效率以 SN2 效果较佳,2 年较 CK 平

均提高28.5%。夏玉米各器官对养分的吸收、转运与分配是产量形成的基础,氮素分配随着作物生长中心的转移而变化。

秸秆覆盖与施氮量显著影响植株各器官的氮素转运及对籽粒的贡献率,并且成熟期植株氮素转运量与产量呈正相关,秸秆覆盖方式、施氮量及二者互作效应对夏玉米各器官氮素吸收利用、转运分配及产量的影响呈显著($p<0.05$)或极显著性($p< 0.01$)关系。各处理间夏玉米不同器官氮素转运量存在不同程度的差异,夏玉米在生长后期叶和茎等器官氮素向籽粒转运为主,对产量的贡献率最大。秸秆表覆处理下随着施氮量增大夏玉米各器官的氮素转运量和转运率均增大,并提高氮素向籽粒转移的贡献率,以 BN3 效果较佳,但 BN3 处理的夏玉米产量与 CK 无显著差异($p>0.05$)。秸秆深埋下随着施氮量增大夏玉米氮素转运指标呈先增后减趋势,SN2 处理较佳,较 CK 处理显著增产。因此,秸秆覆盖条件下适当降低施氮量,可有效促进夏玉米氮素转运与利用,提高氮素转运量对夏玉米籽粒产量的贡献率,实现产量和氮肥利用效率的协同增长。

施氮是作物增产的重要措施之一。氮肥供应不足会造成作物减产,而过量供应则造成氮肥利用率下降,增产效果不显著,且污染农田生态环境。作物产量因施氮产生差异,本质是土壤中能被植株吸收的氮素养分间的差异。玉米秸秆作为一定意义上的氮素缓释有机肥,可增加碳氮投入,提高土壤供氮能力,在作物生长后期将其含有的养分缓慢释放提供给作物,与适量氮肥配施可打破秸秆自身氮素不足的局限性,实现根层养分供应与作物高产需求的系统平衡,形成良好的库-源系统,提高土壤-作物系统氮的利用率,达到提效增产的目标。试验结果表明,秸秆覆盖配施氮处理下夏玉米产量及其指标存在显著($p<0.05$)或极显著($p<0.01$)的互作效应,适当降低施氮量可实现产量和氮肥利用效率的协同增长。秸秆表覆处理对夏玉米产量及其相关指标提高不显著,随施氮量增加而增大,但提高幅度逐渐降低,两年夏玉米平均产量仅 BN3 较 CK 处理提高 0.4%。这可能是因在夏玉米生育前期,秸秆表覆产生的“低温效应”影响夏玉米苗期发育,延迟了地下部分生长,并且对花后氮素吸收及干物质转移有抑制作用,但又因秸秆表覆特有的“降温效应”有利于提高夏玉米中后期根系活性、

延缓植株衰老,配施高氮处理可稳定产量,但增产效果不显著。与秸秆表覆处理相比,秸秆深埋处理的夏玉米产量及产量构成因子随施氮量的增加表现为先增后减,SN2 处理较佳,增产 9.3%,且夏玉米产量与深层土壤 RLD 的变化趋势一致,显著正相关($p<0.05$,$R^2=0.97$)。但夏玉米产量与夏玉米植株总 RLD 之间无显著关系。由此可知,发达的深层根系是干旱作物获得高产的关键因子。

另外,通过对夏玉米产量与施氮水平拟合发现,秸秆深埋较秸秆表覆处理理论增产效果好,当秸秆深埋与减少 14% ~20% 常规施氮量时,夏玉米可实现提效增产及有效降低地下水氮素污染风险的目标。针对河套灌区的夏玉米,适当减少表层土壤中的 RLD 和冗余根,最大限度降低前期对底墒的消耗;提高深层土壤 RLD,增强根系提水作用,在一定程度上缓解养分水分空间错位的情况,实现水分养分在空间上的耦合,以肥促根,以根调水肥,促进夏玉米根系对深层土壤水氮的吸收,提高氮肥利用效率和产量,而秸秆深埋配施中氮处理有利于实现这一目标。

8.3.2 小结

①秸秆深埋显著提高深层根长密度,改善夏玉米根系分布,以 SN2 处理效果较佳,深层根长密度占比提高 67.5%,增强对氮素等养分的吸收能力,提高氮肥利用效率 66.8%,增产 9.3%($p<0.05$),能实现提效增产的目标。

②秸秆覆盖配施氮对夏玉米氮素转运利用及产量的影响存在显著($p<0.05$)或极显著($p<0.01$)交互效应,以秸秆深埋处理效果较好。秸秆深埋配施氮量 180 ~193.7 kg/hm^2,可促进氮素利用率,提高氮素转运同化产物对籽粒产量的贡献率,实现产量和氮肥利用效率的协同增长。

9 结论与展望

9.1 主要结论

本书针对河套灌区引黄水量锐减、土壤耕层返盐严重、水氮利用效率低、农药莠去津污染大、作物产量低等问题,研究了耕作模式对作物根系分布及根际效应的影响,秸秆覆盖-施氮量耦合对土壤养分时空分布、夏玉米氮素转运利用及莠去津消解半衰期的影响,秸秆覆盖-灌水量耦合对土壤水盐运移及夏玉米生产效益的影响,基于深度学习理论及技术构建了递进水盐嵌入神经网络模型(PSWE),并基于PSWE模型优化了秸秆深埋下夏玉米灌施制度。通过系统性研究,揭示了河套灌区秸秆覆盖-灌水耦合及秸秆覆盖-施氮耦合对作物-土壤系统抑盐-调水分-降药-增产的机制,在优选秸秆覆盖下优化了河套灌区盐渍化耕地的夏玉米灌施制度。

本书的研究得到以下结论:

①不同覆盖方式与耕作模式显著影响夏玉米根长密度分布。秸秆表覆显著提高水平向根长密度,但根系分布层较浅,形成“宽浅”型根系,较常规耕作提高24.7%;秸秆深埋显著提高大于40 cm土层根长密度,促进深层根系发育,形成“窄深”型理想根系,改善夏玉米根系空间分布,较常规耕作的深层根长密度提高23.8%。夏玉米根长密度与相对标准化根系下扎深度呈显著的三阶多项式函数关系,该模型可较好描述不同耕作模式的根长密度分布。秸秆深埋耕作

模式的夏玉米可形成良好的根冠关系,有效促进植株生长发育,较常规耕作的夏玉米根冠比提高20.8%;且有助于提高夏玉米产量和水分利用效率,较常规耕作水分利用效率提高32.2%,增产19.5%。

②秸秆覆盖-灌水量耦合试验研究表明,秸秆表覆处理的土壤盐分表聚,成熟期各土层均不同程度积盐;秸秆深埋处理在表层及隔层以下的土层均积盐,灌水量分别为90 mm和120 mm的秸秆深埋处理的秸秆隔层蓄水量较当地耕作提高20.3%和17.2%,脱盐率分别为7.6%和7.1%,隔层较好地起到抑盐蓄水的作用,淡化根系环境。各处理耕作层的含盐量、单次灌水量与夏玉米生产效益具有显著相关性,秸秆表覆处理的夏玉米产量随灌水量增大而增大,当地灌水量135 mm处理的产量最高,相比常规耕作仅增产1.6%;秸秆深埋处理的夏玉米产量随灌水量增大呈先增后减趋势,灌水量为90 mm的秸秆深埋处理夏玉米产量最高,相比常规耕作增产5.2%。秸秆深埋耕作模式节水增产效果显著,试验田尺度下理论较优灌水定额为82~111 mm,节水17.8%以上,生育期灌3水,耕作层含盐量调控在1.45~1.48 g/kg,属轻度盐渍化,较试验前耕作层含盐量减少5.7%~10.2%。

③本书通过架构PSWE神经网络模型,较好地模拟了河套灌区多因素协同秸秆深埋下土壤水盐运移规律,有效表征夏玉米生长影响因素、土壤水盐与夏玉米生产效益间双层递进因果关系。模型平均均方根误差为0.029,平均绝对误差为0.570,平均决定系数为0.981。模型模拟表明,整个土体的含水率随灌水量增大而增大;耕作层和秸秆隔层含盐量随着灌水量增大呈先减后增趋势,耕作层积盐;在收获期,秸秆隔层在灌水量大于86 mm时脱盐,随灌水量增大脱盐率降低;不同灌水量下心土层均积盐,收获后积盐率随灌水量增大而增大。河套灌区秸秆深埋下夏玉米种植的单次灌水量为89.3~96.8 mm,生育期灌3水,耕作层理论含盐量调控为1.38~1.55 g/kg。

④秸秆覆盖-施氮耦合显著改变土壤氮素空间分布,降低深层土壤氮素积累量,减少氮素淋溶损失。秸秆表覆处理的氮素在表层表聚,秸秆深埋处理的

氮素含量在秸秆隔层附近土层聚集，随着施氮量增加，各土层氮素含量不同程度的增加。夏玉米成熟期，秸秆深埋-中氮（180 kg/hm^2）处理在大于80 cm土层的土壤硝态氮累积量降低56.8%，铵态氮累积量平均降低84.7%；在1 m土体硝态氮累积损失量降低39.6%，铵态氮累积损失量降低13.5%。且秸秆隔层可减缓土壤氮素迁移及深层氮素累积，形成有效拦截氮素运移的保护屏障，显著降低了地下水氮素污染风险，在秋浇前秸秆深埋处理的小区地下水质提升到Ⅱ类水质，氮污染风险较小。

⑤秸秆覆盖-施氮耦合显著改善土壤养分分布，有利于土壤养分积累，但不是所有土层养分含量均增加。常规耕作在第二试验年土壤养分下降0.3%～5.1%，耕作层下降幅度较大；而秸秆覆盖处理的土壤养分提高0.3%～14%，且耕作层养分提高幅度较大。秸秆表覆的土壤养分表聚，随施氮量增大而增大；秸秆深埋显著提高秸秆隔层附近土层的养分，随着施氮量增大呈先增后降的趋势。

⑥秸秆覆盖-施氮耦合下，土壤莠去津残留量随时间变化符合一级动力学方程，以秸秆深埋配施中氮处理消解最快，半衰期最短，较常规耕作的消解率提高5.3%，消解半衰期缩短3.9 d。秸秆覆盖的土壤不同养分与莠去津消解半衰期存在不同程度相关性，通过单项回归及逐步回归发现，20～40 cm土层有机质、碱解氮和全氮含量与莠去津消解半衰期相关程度较大，且秸秆深埋对促进莠去津的消解效果较好，可考虑将秸秆深埋配施中氮（180 kg/hm^2）作为灌区提高莠去津消解率的耕作施氮模式。

⑦秸秆覆盖配施氮对夏玉米氮素转运利用及产量的影响存在显著（$p<0.05$）或极显著（$p<0.01$）交互效应。各处理的夏玉米吸氮量、氮素利用率及产量变化趋势与其深层根系根长密度变化趋势一致。适当减少表层冗余根系和降低施氮量（中氮水平及以下），提高深层根长密度，增强深层根系提水作用，实现土壤水分养分在空间上的耦合，促进夏玉米根系对深层土壤水氮的吸收，提高氮素转运同化产物对籽粒产量的贡献率，实现产量和氮肥利用效率的协同增

长,与常规耕作相比,提高氮肥利用效率66.8%,增产9.3%。秸秆深埋配施氮量(180~193.7 kg/hm^2)的耕作施肥模式有利于实现这一目标。

9.2 主要创新点

本书深入研究了不同秸秆覆盖与水或氮耦合模式下土壤水盐运移及模型模拟、农田生态环境调控及夏玉米生长及效益,得到了秸秆覆盖下河套灌区盐渍化耕地夏玉米优化的灌施制度,对河套灌区秸秆资源化利用及改善农田生态环境具有重要的意义,也为深度学习理论及技术在农田土壤水盐运移的应用提供参考。

本书研究的主要创新点如下:

1)基于作物根系调控优选秸秆覆盖耕作模式

本书通过研究秸秆覆盖(表覆、深埋)与不同耕作方式下夏玉米根系时空分布,并拟合出根长密度分布模型及分析夏玉米生产效益,优选了秸秆覆盖耕作模式。

2)构建基于深度学习算法耦合的土壤水盐运移模型

本书基于深度学习理论及技术构建了递进水盐嵌入神经网络模型(PSWE),并模拟河套灌区多因素协同秸秆深埋的土壤水盐运移及夏玉米生产效益,是对传统土壤水盐运移模型的一种补充与完善。

3)基于秸秆覆盖优化夏玉米灌施制度

本书通过研究秸秆覆盖与灌水量、施氮量耦合对土壤养分时空分布、夏玉米根系调控效应及植株氮吸收利用、地下水质氮污染、莠去津消解规律的影响,揭示了秸秆覆盖下灌水量、施氮量对作物-土壤系统抑盐-调水肥-降药-增产的调控过程与机理,优化了河套灌区盐渍化耕地秸秆覆盖下的夏玉米灌施制度。

9.3 展望

本书系统地研究了秸秆覆盖下水、氮对夏玉米-土壤系统抑盐-调水肥-降药-提效增产效应的影响，并基于深度学习理论及技术构建递进水盐嵌入神经网络模型。但是，因大田试验本身的复杂性和不确定性，再加上研究时间较短及其他条件限制，研究仍有许多不足之处。鉴于此，以下几方面是下一步亟待开展的研究工作：

①本研究是基于秸秆覆盖与灌水量或施氮量耦合下研究土壤养分及水盐运移，缺少秸秆覆盖、水、氮共同耦合对土壤养分、水盐运移、根系分布等方面的影响，以及三者耦合与作物间的内在机制研究，今后可开展此方面的研究。

②秸秆覆盖与水肥间的互馈效应是以土壤微生物为媒介进行的，本研究未涉及，今后应加强对相关微生物数量和活性开展相关研究；同时，关于秸秆覆盖与施氮耦合对土壤碳氮循环与土壤肥力提升和作物产量提高机制有待进一步阐明。

③秸秆覆盖对农田土壤环境及作物的影响是长期的，今后需进一步开展更为长期的田间定位试验，以获得较为全面的试验数据。

④研究秸秆覆盖配施氮的深度和位置及灌溉对籽粒产量的影响，并改善夏玉米品质和生态环境；同时，分析水肥耦合效应，建立包括秸秆还田后土壤养分因子在内的水肥耦合模型。

附　录

构建递进水盐嵌入神经网络模型(PSWE)所用的数学算法:

附录 1　激活函数

将非线性函数引入神经网络中,使神经网络能依据输入流的分布较为随机的逼近真实的复杂函数。当无激活函数时,线性函数关系使多层架构相当于单层模型。然而,目前许多研究均未正确地采用激活函数,大部分模型中采用 S 型函数作为激活函数,往往不能得到最优解。下面将说明 S 型函数不适用于农业水土工程的原因,并将直线整流函数(Rectified Linear Unit,ReLU)引入所提出的递进水盐嵌入网络模型中。

S 型激活函数又称物生长函数,数学表达式为

$$\sigma(x) = \frac{1}{1 + e^{-x}} \tag{附-1}$$

S 型激活函数压缩变化的数值范围在 0 ~ 1,这往往导致神经网络饱和时,神经元梯度易为 0(隐藏的神经元的梯度值趋于 0 或 1 时,均取 0)。显然,饱和神经元的权重值参数无法及时更新。同时,梯度更新在这些连接的饱和神经元中传播缓慢,这种现象称为梯度消失。此外,如果将其应用到每一层上,e^{-x} 运算使 S 型函数计算成本很高,这也是现代深度学习架构弃用 S 型函数的另一个原因。而直线整流函数(ReLU)有效地解决上述问题。ReLU 函数其表达式为

$$\mathrm{ReLU}(x)=\max(0,x) \tag{附 -2}$$

当 $x<0$ 时，ReLU 函数输出为零，否则 x 保持原始值，这样使整个神经网络的传播和收敛方式更有效。由于 ReLU 将神经元从限制的边界中解放出来，至少有一定数量的神经元在正区域进行反向传播，避免了梯度消失的问题。本书将 ReLU 应用于每一隐层并进行非线性变换，计算式为

$$\hat{h}_1=\mathrm{ReLU}(\hat{h}_1) \tag{附 -3}$$

附录 2　批处理标准化 BMLP

下面将如何对学习到的隐层表示进行标准化的批处理进行详细说明。当深度神经网络从深度架构中获得较好的泛化能力时，输入的数据在神经网络中各层的学习参数转换的过程中，也使模型训练变得更加复杂。在这种情况下，随着网络结构的加深（即层数的增加），架构中这些参数的微小变化将被放大。由于每一层输入分布的移位，要求后续的各层输入不断服从新的分布规则，极大地削弱了模型训练过程的稳定性，也削弱了模型本身的稳定性。考虑文中使用的六层 PPN 模型同样会遇到上述问题，本书利用标准化批处理来增强训练迭代，增强模型的稳定性。标准化批处理运算分为以下 4 步：

①给定一个最小的批处理 $\boldsymbol{B}$，得到 $\boldsymbol{B}$ 中所有元素的均值，即

$$\mu_\beta=\frac{1}{m}\sum_{i=1}^{m}h_1^i \tag{附 -4}$$

式中　m——批处理的样本数量。

②采用各批次处理的平均值，计算对应方差，即

$$\sigma_\beta^2=\frac{1}{m}\sum_{i=1}^{m}(h_l^i-\mu_\beta)^2 \tag{附 -5}$$

③标准化批处理操作可用样本批次的均值和方差表示，即

$$\hat{h}_l=\frac{h_l-\mu_\beta}{\sqrt{\sigma_\beta^2+\varepsilon}} \tag{附 -6}$$

式中　ε——很小的值,但不等于 0。

④通过两个可学习的参数对标准化批处理隐层进行缩放和移位,即

$$\hat{h}_l = \gamma \cdot \hat{h}_l + \beta \tag{附-7}$$

式中　γ,β——缩放和移位的参数,通过模型训练得到的,用来提高网络模型的表达能力。

批量标准化转换建模算法如下:

要求:$\boldsymbol{B} = \{h_l^1, \cdots, h_l^m\}$:第 l 层隐层小批处理。

其中,l 为数据层级;m 为小批量样本的数量;γ 为尺度参数,可学习;β 为移位参数,可学习输出

$$\tilde{h}_l = BN_{\gamma,\beta}(h_l)$$

①$l = 1, 2, 3, \cdots, L$。

②更新最小批量样本平均值

$$\mu_\beta = \frac{1}{m}\sum_{i=1}^{m} h_1^i$$

③更新最小批量样本方差

$$\sigma_\beta^2 = \frac{1}{m}\sum_{i=1}^{m}(h_l^i - \mu_\beta)^2$$

④最小批量样本隐层规范化

$$\hat{h}_l = \frac{h_l - \mu_\beta}{\sqrt{\sigma_\beta^2 + \varepsilon}}$$

⑤标准化批处理隐层缩放和移位

$$\hat{h}_l = \gamma \cdot \hat{h}_l + \beta$$

⑥结束。

附录 3　Adam 算法优化

要求：$\boldsymbol{B}=\{x^1,\cdots,x^m\}$，各个 x 对应相应的 y 值。

其中，m 为小批量样本的数量；T 为运算的迭代步数；v 为动量项；s 为指数损失平均值；β_v 为动量项的非负超参数；β_s 为指数损失平均值的非负超参数；ε 是个很小的值，但不等于 0。

初始化：$v=0,s=0$。

①$t=0,1,2,\cdots,T$。

②生成累积梯度

$$g=\nabla_\theta\left(\frac{1}{m}\sum_{i=1}^{m}\lambda\left(f(x^{(i)};\theta),y^{(i)}\right)\right)$$

③$t=t+1$。

④动量项运算

$$v_t\Leftarrow\beta_v v_{t-1}+(1-\beta_v)g_t$$

⑤指数损失平均值运算

$$s_t\Leftarrow\beta_s s_{t-1}+(1-\beta_s)g_t\odot g_t$$

⑥动量项的偏差修正

$$\bar{v}_t\Leftarrow\frac{v_t}{1-\beta_v^t}$$

⑦指数损失平均值项偏差修正

$$\bar{s}_t\Leftarrow\frac{s_t}{1-\beta_s^t}$$

⑧重新调试梯度

$$\bar{g}_t\Leftarrow\frac{\delta\bar{v}_t}{\sqrt{\bar{s}_t}+\varepsilon}$$

⑨更新参数

$$\theta_t \Leftarrow \theta_{t-1} - \overline{g_t}$$

⑩结束。

附录 4　Dropout 算法优化

在模型训练数据集有限的情况下,深度复杂的网络结构通常会导致网络在训练过程中对输入的数据进行强行过度拟合,则称为过拟合或协同适应。Dropout 是一种计算成本低(计算复杂度为 O(n))且可有效地解决模型训练数据有限的算法,它通过每次训练随机迭代出暂时闲置非线性模型中的非输出神经元。具体来说,Dropout 算法是对二进制掩码进行采样,将网络中输入和隐藏层生成结果相乘,并在训练迭代中暂时剔除输出值为 0 的元素。由于二进制掩码的采样是相互独立的,采样值为 1 的概率是整个神经网络的一个预定义超参数,Dropout 的层级计算表达式为

$$h_l = (h_{l-1} \odot d_{l-1})^T W_l + b_l ; d \sim Bernoulli \quad (p) \qquad \text{(附 -8)}$$

式中　$\odot$——各元素点乘运算;

d_{l-1}——Dropout 算法中第 l-1 层掩码;

p——模型训练前的预定义超参数。

附录 5　递进水盐嵌入神经网络模型(PSWE)的算法

要求:$\boldsymbol{B}_x = \{x^1, \cdots, x^m\}$:小批量的训练数据组。

其中,L 为数据层数;m 为小批量样本数量。

①迭代次数 $t=1,2,3,\cdots,T$。

②从训练数据组中抽取 m 个样本(B_x),并得到相应的 y_i。

③$l=1,2,3,\cdots,L$。

④按照正文中,式(7-12)$h_l(h_{l-1},W_1,b_1)=h_{l-1}^T W_1+b_1$ 进行层级仿射变换。

⑤按照式(附-3)$\hat{h}_l=\mathrm{ReLU}(\hat{h}_l)$进行数据的非线性转换。

⑥按照式(附-8)$h_l=(h_{l-1}\odot d_{l-1})^T W_l+b_l;d\sim Bernoulli(p)$进行 Dropout 运算。

⑦按照式(附-4)—式(附-7)对数据进行批处理归一化,即

$$\mu_\beta=\frac{1}{m}\sum_{i=1}^{m}h_1^i \tag{附-9}$$

$$\sigma_\beta^2=\frac{1}{m}\sum_{i=1}^{m}(h_l^i-\mu_\beta)^2 \tag{附-10}$$

$$\hat{h}_l=\frac{h_l-\mu_\beta}{\sqrt{\sigma_\beta^2+\varepsilon}} \tag{附-11}$$

$$\hat{h}_l=\gamma\cdot\hat{h}_l+\beta \tag{附-12}$$

⑧结束。

⑨根据式 $\bar{g}_t=\dfrac{\delta\bar{v}_t}{\sqrt{s_t}+\varepsilon}$对梯度计算损失的 PSWE 进行更新。

⑩结束。

⑪根据模拟结果,决定是否返回到 y'。

参考文献

[1] 王遵亲,等. 中国盐渍土[M]. 北京:科学出版社,1993.

[2] QADIR M, GHAFOOR A, MURTAZA G. Amelioration strategies for saline soils:a review [J]. Land Degradation and Development, 2000, 11 (6): 501-521.

[3] 杨劲松. 中国盐渍土研究的发展历程与展望[J]. 土壤学报,2008,45(5): 837-845.

[4] 张义强,白巧燕. 内蒙古河套灌区水盐运移状况分析研究——中日合作项目最新研究成果[C]//中国水利学会 2006 学术年会论文集(农村水利与社会主义新农村建设). 合肥,2006:210-214.

[5] MIAO Q F, SHI H B, GONCALVES J M, et al. Field assessment of basin irrigation performance and water saving in Hetao, Yellow River basin: Issues to support irrigation systems modernisation[J]. Biosystems Engineering, 2015, 136(60): 102-116.

[6] 史海滨,杨树青,李瑞平,等. 内蒙古河套灌区水盐运动与盐渍化防治研究展望[J]. 灌溉排水学报,2020,39(8): 1-17.

[7] LI W P, SHI H B, ZHU K, et al. The quality of sunflower seed oil changes in response to nitrogen fertilizer [J]. Agronomy Journal, 2017, 109 (6): 2499-2507.

[8] FENG Z Z, WANG X K, FENG Z W. Soil N and salinity leaching after the

autumn irrigation and its impact on groundwater in Hetao Irrigation District, China[J]. Agricultural Water Management, 2005, 71(2): 131-143.

[9] 张璇,郝芳华,王晓,等. 河套灌区不同耕作方式下土壤磷素的流失评价[J]. 农业工程学报,2011,27(6):59-65.

[10] 冯兆忠,王效科,冯宗炜,等. 河套灌区秋浇对不同类型农田土壤氮素淋失的影响[J]. 生态学报,2003,23(10):2027-2032.

[11] XUE J, LI C F, LIU H T, et al. The effects of plastic film mulching on maize growth and water use in dry and rainy years in Northeast China[J]. PLoS One, 2015, 10(5): e0125781.

[12] ZHANG S X, CHEN X W, JIA S X, et al. The potential mechanism of long-term conservation tillage effects on maize yield in the black soil of Northeast China[J]. Soil and Tillage Research, 2015, 154: 84-90.

[13] 王舒娟. 江苏省农户秸秆综合利用的实证研究[D]. 南京:南京农业大学,2012.

[14] 徐奔奔,范萌,陈良富,等. 2013 年—2017 年主要农业区秸秆焚烧时空特征及影响因素分析[J]. 遥感学报,2020,24(10):1221-1232.

[15] 李韵珠,李保国. 土壤溶质运移[M]. 北京:科学出版社,1998.

[16] 李保国,龚元石,左强,等. 农田土壤水的动态模拟及应用[M]. 北京:利学出版社,2000.

[17] LAPIDUS L, AMUNDSON N R. Mathematics of adsorption in beds. VI. the effect of longitudinal diffusion in ion exchange and chromatographic columns[J]. The Journal of Physical Chemistry, 1952, 56(8): 984-988.

[18] BRESLER E, MCNEAL B L, CARTER D L. Sodine and sodic soils: principles-dynamics-modeling[M]. Berlin, Heidelberg: Sprinter Berlin Heidelberg, 1982.

[19] 石元春,李韵珠,陆锦文. 盐渍土的水盐运动[M]. 北京:中国农业大学出版社,1986.

[20] 黄康乐. 求解二维饱和-非饱和溶质运移问题的交替方向特征有限单元法[J]. 水利学报,1988,19(7):1-13.

[21] 孙菽芬,姚德良,冀伟. 在蒸发条件下土壤水盐运动的数值模拟[J]. 力学学报,1989,21(6):688-696.

[22] 胡克林. 农田尺度下土壤属性的空间变异性及硝酸盐淋失的随机模拟[D]. 北京:中国农业大学,2000.

[23] 杨树青,杨金忠,史海滨,等. 干旱区微咸水灌溉的水-土环境效应预测研究[J]. 水利学报, 2008,39(7):854-862.

[24] 余根坚,黄介生,高占义. 基于 HYDRUS 模型不同灌水模式下土壤水盐运移模拟[J]. 水利学报,2013,44(7):826-834.

[25] BARNES C J. Solute and water movement in unsaturated soils [J]. Water Resources Research,1989,25(1):38-42.

[26] J·贝尔. 多孔介质流体动力学[M]. 李竞生,陈崇希,译. 北京:中国建筑工业出版社,1983.

[27] 杨金忠. 一维饱和与非饱和水动力弥散的实验研究[J]. 水利学报,1986, 17(3):10-21.

[28] YEH G T, TRIPATHI V S. A model for simulating transport of reactive multispecies components: model development and demonstration [J]. Water Resources Research,1991,27(12):3075-3094.

[29] BRUCH J C,ZYVOLOSKI G. Solution of equation for vertical unsaturated flow of soil water[J]. Soil Science, 1973, 116(6):417-422.

[30] SCHINDLER D E, Hilborn R. Prediction, precaution, and policy under global change[J]. Science, 2015, 347(6225):953-954.

[31] 余世鹏,杨劲松,刘广明,等. 基于模糊神经算法的区域地下水盐分动态预测[J]. 农业工程学报,2014,30(18):142-150.

[32] 康俊锋,黄烈星,张春艳,等. 多机器学习模型下逐小时 $PM_{2.5}$ 预测及对比

分析[J]. 中国环境科学,2020,40(5):1895-1905.

[33] 马井会,曹钰,余钟奇,等. 深度学习方法在上海市 $PM_{2.5}$ 浓度预报中的应用[J]. 中国环境科学,2020,40(2):530-538.

[34] 商亮,郭宇峰,叶伟,等. 人工智能在乳腺癌诊断中应用的研究进展[J]. 现代肿瘤医学,2021,29(1):155-158.

[35] 熊俊涛,戴森鑫,区炯洪,等. 基于深度学习的大豆生长期叶片缺素症状检测方法[J]. 农业机械学报,2020, 51(1):195-202.

[36] 沈瑜,苑玉彬,彭静,等. 基于深度学习的寒旱区遥感影像河流提取[J]. 农业机械学报,2020,51(7):192-201.

[37] 闵超,代博仁,张馨慧,等. 机器学习在油气行业中的应用进展综述[J]. 西南石油大学学报(自然科学版),2020, 42(6):1-15.

[38] 赵娜娜,刘钰,蔡甲冰,等. 夏玉米棵间蒸发的田间试验与模拟[J]. 农业工程学报,2012,28(21):66-73.

[39] 康绍忠,杜太生,孙景生,等. 基于生命需水信息的作物高效节水调控理论与技术[J]. 水利学报,2007,38(6):661-667.

[40] 屈忠义,杨晓,黄永江. 内蒙古河套灌区节水工程改造效果分析与评估[J]. 农业机械学报,2015,46(4):70-76.

[41] LEI T W, ISSAC S, YUAN P J, et al. Strategic considerations of efficient irrigation and salinity control on Hetao plain in Inner Mongolia [J]. Transactions of the CSAE, 2001, 17(1):48-52.

[42] SARKAR S, PARAMANICK M, GOSWAMI S B. Soil temperature, water use and yield of yellow sarson (Brassica napus L. var. glauca) in relation to tillage intensity and mulch management under rainfed lowland ecosystem in eastern India[J]. Soil and Tillage Research, 2007, 93(1):94-101.

[43] STAGNARI F, GALIENI A, SPECA S, et al. Effects of straw mulch on growth and yield of durum wheat during transition to Conservation Agriculture

in Mediterranean environment[J]. Field Crops Research, 2014, 167: 51-63.
[44] TURMEL M S, SPERATTI A, BAUDRON F, et al. Crop residue management and soil health: A systems analysis[J]. Agricultural Systems, 2015, 134: 6-16.
[45] 邹聪明,王国鑫,胡小东,等. 秸秆覆盖对套作玉米苗期根系发育与生理特征的影响[J]. 中国生态农业学报,2010,18(3): 496-500.
[46] 银敏华,李援农,李昊,等. 垄覆黑膜沟覆秸秆促进夏玉米生长及养分吸收[J]. 农业工程学报,2015,31(22): 122-130.
[47] RAM H, DADHWAL V, VASHIST K K, et al. Grain yield and water use efficiency of wheat (Triticum aestivum L.) in relation to irrigation levels and rice straw mulching in North West India[J]. Agricultural Water Management, 2013, 128: 92-101.
[48] 王婧,逄焕成,任天志,等. 地膜覆盖与秸秆深埋对河套灌区盐渍土水盐运动的影响[J]. 农业工程学报,2012,28(15): 52-59.
[49] 汪可欣,付强,张中昊,等. 秸秆覆盖与表土耕作对东北黑土根区土壤环境的影响[J]. 农业机械学报,2016,47(3): 131-137.
[50] 赵宏波,何进,李洪文,等. 秸秆还田方式对种床土壤物理性质和小麦生长的影响[J]. 农业机械学报,2018,49(S1): 60-67.
[51] 刘继龙,任高奇,付强,等. 秸秆还田下土壤水分时间稳定性与玉米穗质量的相关性[J]. 农业机械学报,2019,50(5): 320-326.
[52] ZHANG P, WEI T, JIA Z K, et al. Soil aggregate and crop yield changes with different rates of straw incorporation in semiarid areas of Northwest China[J]. Geoderma, 2014, 230/231(6): 41-49.
[53] 战秀梅,宋涛,冯小杰,等. 耕作及秸秆还田对辽南地区土壤水分及春玉米水分利用效率的影响[J]. 沈阳农业大学学报,2017,48(6): 666-672.
[54] 余坤,冯浩,李正鹏,等. 秸秆还田对农田土壤水分与冬小麦耗水特征的影

响[J]. 农业机械学报,2014,45(10):116-123.

[55] 张海云,王振同,路广平,等. 秸秆深埋蓄水抗旱耕作技术研究[J]. 山西水土保持科技,2001(2):23-25.

[56] 乔海龙,刘小京,李伟强,等. 秸秆深层覆盖对水分入渗及蒸发的影响[J]. 中国水土保持科学,2006,4(2):34-38.

[57] 安俊朋,李从锋,齐华,等. 秸秆条带还田对东北春玉米产量、土壤水氮及根系分布的影响[J]. 作物学报,2018,44(5):774-782.

[58] BEZBORODOV G A, SHADMANOV D K, MIRHASHIMOV R T, et al. Mulching and water quality effects on soil salinity and sodicity dynamics and cotton productivity in Central Asia [J]. Agriculture, Ecosystems and Environment, 2010, 138(1/2): 95-102.

[59] COOK H F, VALDES G S B, LEE H C. Mulch effects on rainfall interception, soil physical characteristics and temperature under Zea mays L [J]. Soil and Tillage Research, 2006, 91(112): 227-235.

[60] 毕远杰,王全九,雪静. 覆盖及水质对土壤水盐状况及油葵产量的影响[J]. 农业工程学报,2010,26(S1):83-89.

[61] 孙博,解建仓,汪妮,等. 秸秆覆盖对盐渍化土壤水盐动态的影响[J]. 干旱地区农业研究, 2011,29(4):180-184.

[62] LABOSKI C A M, DOWDY R H, ALLMARAS R R, et al. Soil strength and water content influences on corn root distribution in a sandy soil[J]. Plant and Soil, 1998, 203(2): 239-247.

[63] 胡田田,康绍忠. 植物抗旱性中的补偿效应及其在农业节水中的应用[J]. 生态学报,2005,25(4):885-891.

[64] 王志刚,王俊,高聚林,等. 模拟根层障碍条件下不同深度玉米根系与产量的关系研究[J]. 玉米科学,2015,23(5):61-65.

[65] 周昌明,李援农,银敏华,等. 连垄全覆盖降解膜集雨种植促进玉米根系生

长提高产量[J]. 农业工程学报,2015,31(7):109-117.

[66] 陈天助,李波,丰雪,等. 深埋秸秆和覆膜对土壤水分、玉米产量及品质的影响[J]. 沈阳农业大学学报,2016,47(4):493-498.

[67] VITOUSEK P M, NAYLOR R, CREWS T, et al. Nutrient imbalances in agricultural development[J]. Science, 2009, 324(5934): 1519-1520.

[68] 魏国孝,孙继成,朱锋. 内蒙古河套灌区农业面源污染及防治对策[J]. 中国水土保持,2009(8):27-29.

[69] 刘宇,章莹,杨文亭,等. 减量施氮与大豆间作对蔗田氮平衡的影响[J]. 应用生态学报,2015,26(3):817-825.

[70] 朱晓霞,谭德水,江丽华,等. 减量施用控释氮肥对小麦产量效率及土壤硝态氮的影响[J]. 土壤通报,2013,44(1):179-183.

[71] 赵允格,邵明安. 不同施肥条件下农田硝态氮迁移的试验研究[J]. 农业工程学报,2002,18(4):37-40.

[72] 葛均筑,李淑娅,钟新月,等. 施氮量与地膜覆盖对长江中游春玉米产量性能及氮肥利用效率的影响[J]. 作物学报,2014,40(6):1081-1092.

[73] 杨志谦,王维敏. 秸秆还田后碳、氮在土壤中的积累与释放[J]. 土壤肥料,1991(5):43-46.

[74] SIMS A L, SCHEPERS J S, OLSON R A, et al. Irrigated corn yield and nitrogen accumulation response in a comparison of no-till and conventional till: Tillage and surface-residue variables[J]. Agronomy Journal, 1998, 90(5): 630-637.

[75] EASSON D L, FEARNEHOUGH W. Effects of plastic mulch, sowing date and cultivar on the yield and maturity of forage maize grown under marginal climatic conditions in Northern Ireland[J]. Grass and Forage Science, 2000, 55(3): 221-231.

[76] FAN X L, ZHANG F S. Soil water, fertility and sustainable agricultural

production in arid and semiarid regions on the loess plateau[J]. Journal of Plant Nutrition and Soil Science, 2000, 163(1): 107-113.

[77] 颜丽,宋杨,贺靖,等. 玉米秸秆还田时间和还田方式对土壤肥力和作物产量的影响[J]. 土壤通报,2004,35(2): 143-148.

[78] 田慎重,李增嘉,宁堂原,等. 保护性耕作对农田土壤不同养分形态的影响[J]. 青岛农业大学学报(自然科学版),2008,25(3): 171-176.

[79] 李凤博,牛永志,刘金根,等. 秸秆填埋对水稻土表层水三氮动态的影响[J]. 农业环境科学学报,2009,28(3): 513-517.

[80] BIJAY-SINGH,SHAN Y H, JOHNSON-BEEBOUT S E, et al. Crop residue management for lowland rice-based cropping systems in Asia[M]//Advances in Agronomy. Amsterdam:Elsevier,2008: 117-199.

[81] 盖霞普,刘宏斌,翟丽梅,等. 长期增施有机肥/秸秆还田对土壤氮素淋失风险的影响[J]. 中国农业科学,2018,51(12): 2336-2347.

[82] ROS G H, HOFFLAND E,VAN KESSEL C,et al. Extractable and dissolved soil organic nitrogen-A quantitative assessment [J]. Soil Biology and Biochemistry, 2009, 41(6): 1029-1039.

[83] MAEDA M, ZHAO B Z, OZAKI Y, et al. Nitrate leaching in an Andisol treated with different types of fertilizers[J]. Environmental Pollution, 2003, 121(3): 477-487.

[84] 刘武仁,郑金玉,罗洋,等. 秸秆循环还田土壤环境效应变化研究[J]. 吉林农业科学,2015,40(1):32-36.

[85] NOSHADI M, AMIN S, Maleki N. Measuring atrazine degradation and PRZM-2 testing under two water regimes [J]. Irrigation and Drainage Systems, 2002, 16(3): 183-199.

[86] MERSIE W, SEYBOLD C A, WU J, et al. Atrazine and metolachlor sorption to switchgrass residues [J]. Communications in Soil Science and Plant

Analysis, 2006, 37(3/4): 465-472.

[87] ALADESANWA R D, ADENAWOOLA A R, OLOWOLAFE O G. Effects of atrazine residue on the growth and development of Celosia (Celosia argentea) under screenhouse conditions in Nigeria[J]. Crop Protection, 2001, 20(4): 321-324.

[88] FAN W Q, YANASE T, MORINAGA H, et al. Atrazine induced aromatase expression is SF-1 dependent: implications for endocrine disruption in wildlife and reproductive cancers in humans[J]. Environmental Health Perspectives, 2007, 115(5): 720-727.

[89] 蔺中,杨杰文,蔡彬,等. 根际效应对狼尾草降解土壤中阿特拉津的强化作用[J]. 农业环境科学学报,2017,36(3): 531-538.

[90] QU M J, LIU G L, ZHAO J W,et al. Fate of atrazine and its relationship with environmental factors in distinctly different lake sediments associated with hydrophytes[J]. Environmental Pollution, 2020,256: 113371.

[91] PANG L P, CLOSE M E. Attenuation and transport of atrazine and picloram in an alluvial gravel aquifer: a tracer test and batch study[J]. New Zealand Journal of Marine and Freshwater Research, 1999, 33(2): 279-291.

[92] 李克斌,陈经涛,魏红,等. 表面活性剂和土壤有机质对莠去津在土壤上吸附的相互影响[J]. 西北农林科技大学学报(自然科学版),2008,36(8): 119-124, 131.

[93] 王军,朱鲁生,谢慧,等. POPs污染物莠去津在长期定位施肥土壤中的残留动态[J]. 环境科学,2007,28(12): 2821-2826.

[94] 杨炜春,王琪全,刘维屏. 除草剂莠去津(atrazine)在土壤-水环境中的吸附及其机理[J]. 环境科学,2000,21(4): 94-97.

[95] 张超兰,徐建民. 添加莠去津的土壤中微生物生物量碳、氮、磷对外源有机无机物质的动态响应[J]. 水土保持学报,2004,18(4): 57-60.

[96] HENRIKSEN T M, BRELAND T A. Nitrogen availability effects on carbon mineralization, fungal and bacterial growth, and enzyme activities during decomposition of wheat straw in soil[J]. Soil Biology and Biochemistry, 1999, 31(8): 1121-1134.

[97] 王宁,罗佳琳,赵亚慧,等. 不同麦秸还田模式对稻田土壤微生物活性和微生物群落组成的影响[J]. 农业环境科学学报, 2020, 39(1): 125-133.

[98] 吴其聪,张丛志,张佳宝,等. 不同施肥及秸秆还田对潮土有机质及其组分的影响[J]. 土壤,2015,47(6): 1034-1039.

[99] 黄容,高明,万毅林,等. 秸秆还田与化肥减量配施对稻-菜轮作下土壤养分及酶活性的影响[J]. 环境科学,2016,37(11): 4446-4456.

[100] 武志杰,张海军,许广山,等. 玉米秸秆还田培肥土壤的效果[J]. 应用生态学报,2002,13(5): 539-542.

[101] SCOTT D I, TAMS A R, BERRY P M, et al. The effects of wheel-induced soil compaction on anchorage strength and resistance to root lodging of winter barley(*Hordeum vulgare* L.)[J]. Soil and Tillage Research, 2005, 82(2): 147-160.

[102] TAN X, CHANG S X. Soil compaction and forest litter amendment affect carbon and net nitrogen mineralization in a boreal forest soil[J]. Soil and Tillage Research, 2007, 93(1): 77-86.

[103] LAMPURLANÉS J, CANTERO-MARTINEZ C. Soil bulk density and penetration resistance under different tillage and crop management systems and their relationship with barley root growth[J]. Agronomy Journal, 2003, 95(3): 526-536.

[104] HURLEY M B, ROWARTH J S. Resistance to root growth and changes in the concentrations of ABA within the root and xylem sap during root-restriction stress[J]. Journal of Experimental Botany, 1999, 50(335):

799-804.

[105] 刘战东,高阳,刘祖贵,等. 降雨特性和覆盖方式对麦田土壤水分的影响[J]. 农业工程学报,2012,28(13):113-120.

[106] 赵亚丽,薛志伟,郭海斌,等. 耕作方式与秸秆还田对冬小麦-夏玉米耗水特性和水分利用效率的影响[J]. 中国农业科学,2014,47(17):3359-3371.

[107] 刘宁,麻路瑶. 不同秸秆还田方式对向日葵叶片光合及产量的影响[J]. 石河子科技,2013,10(5):3-5.

[108] 于晓蕾,吴普特,汪有科,等. 不同秸秆覆盖量对冬小麦生理及土壤温、湿状况的影响[J]. 灌溉排水学报,2007,26(4):41-44.

[109] 陈素英,张喜英,胡春胜,等. 秸秆覆盖对夏玉米生长过程及水分利用的影响[J]. 干旱地区农业研究,2002,20(4):55-57,66.

[110] 康利允,沈玉芳,岳善超,等. 不同水分条件下分层施磷对冬小麦根系分布及产量的影响[J]. 农业工程学报,2014,30(15):140-147.

[111] ASSENG S, RITCHIE J T, SMUCKER A J M, et al. Root growth and water uptake during water deficit and recovering in wheat[J]. Plant and Soil, 1998, 201(2):265-273.

[112] 张金珠,王振华,虎胆·吐马尔白. 秸秆覆盖对滴灌棉花土壤水盐运移及根系分布的影响[J]. 中国生态农业学报,2013,21(12):1467-1476.

[113] 郑险峰,周建斌,王春阳,等. 覆盖措施对夏玉米生长和养分吸收的影响[J]. 干旱地区农业研究,2009,27(2):80-83,98.

[114] MULUMBA L N,LAL R. Mulching effects on selected soil physical properties[J]. Soil and Tillage Research, 2008, 98(1):106-111.

[115] TUNA A L, KAYA C,ASHRAF M, et al. The effects of calcium sulphate on growth, membrane stability and nutrient uptake of tomato plants grown under salt stress[J]. Environmental and Experimental Botany, 2007, 59(2):

173-178.

[116] 张学林,王群,赵亚丽,等. 施氮水平和收获时期对夏玉米产量和籽粒品质的影响[J]. 应用生态学报,2010,21(10):2565-2572.

[117] 李红莉,张卫峰,张福锁,等. 中国主要粮食作物化肥施用量与效率变化分析[J]. 植物营养与肥料学报,2010,16(5):1136-1143.

[118] 吕鹏,张吉旺,刘伟,等. 施氮时期对超高产夏玉米产量及氮素吸收利用的影响[J]. 植物营养与肥料学报,2011,17(5):1099-1107.

[119] CHEN W P, HOU Z N, WU L S, et al. Effects of salinity and nitrogen on cotton growth in arid environment[J]. Plant and Soil,2010,326(1):61-73.

[120] CÉCCOLI G, EUGENIA SENN M, BUSTOS D, et al. Genetic variability for responses to short- and long-term salt stress in vegetative sunflower plants [J]. Journal of Plant Nutrition and Soil Science, 2012, 175(6): 882-890.

[121] 邹洪涛,王胜楠,闫洪亮,等. 秸秆深还田对东北半干旱区土壤结构及水分特征影响[J]. 干旱地区农业研究,2014,32(2):52-60.

[122] 黄毅,毕素艳,邹洪涛,等. 秸秆深层还田对玉米根系及产量的影响[J]. 玉米科学,2013,21(5):109-112.

[123] 李蓉蓉,王俊,毛海兰,等. 秸秆覆盖对冬小麦农田土壤有机碳及其组分的影响[J]. 水土保持学报,2017,31(3):187-192.

[124] ZHANG S L, LÖDAHL L, GRIP H, et al. Effects of mulching and catch cropping on soil temperature, soil moisture and wheat yield on the Loess Plateau of China[J]. Soil and Tillage Research, 2009, 102 (1): 78-86.

[125] 路怡青,朱安宁,张佳宝,等. 免耕和秸秆还田对土壤酶活性和微生物群落的影响[J]. 土壤通报,2014,45(1):85-90.

[126] 曾木祥,王蓉芳,彭世琪,等. 我国主要农区秸秆还田试验总结[J]. 土壤通报,2002,33(5):336-339.

[127] WANG X J, JIA Z K, LIANG L Y. Effect of straw incorporation on the

temporal variations of water characteristics, water—use efficiency and maize biomass production in semi-arid China[J]. Soil and Tillage Research, 2015, 153: 36-41.

[128] GRUESSNER B,WATZIN M C. Patterns of herbicide contamination in selected Vermont streams detected by enzyme immunoassay and gas chromatography/mass spectrometry[J]. Environmental Science and Technology,1995,29(11): 2806-2813.

[129] 杜军,杨培岭,李云开,等. 河套灌区年内地下水埋深与矿化度的时空变化[J]. 农业工程学报,2010,26(7): 26-31.

[130] KUCHENBUCH R O, GERKE H H, BUCZKO U. Spatial distribution of maize roots by complete 3D soil monolith sampling[J]. Plant and Soil,2009, 315(1):297-314.

[131] WU J Q,ZHANG R D,GUI S X. Modeling soil water movement with water uptake by roots[J]. Plant and Soil,1999,215(1): 7-17.

[132] 史海滨,田军仓,刘庆华. 灌溉排水工程学[M]. 北京:中国水利水电出版社,2006.

[133] 吴钢,蔡井伟,付海威,等. 模糊综合评价在大伙房水库下游水污染风险评价中应用[J]. 环境科学,2007,28(11): 2438-2441.

[134] 郑文瑞,王新代,纪昆,等. 非确定数学方法在水污染状况风险评价中的应用[J]. 吉林大学学报(地球科学版),2003,33(1): 59-62.

[135] 张国平,张光恒. 小麦氮素利用效率的基因型差异研究[J]. 植物营养与肥料学报,1996,2(4):331-336.

[136] PAPAKOSTA D K, GAGIANAS A A. Nitrogen and dry matter accumulation, remobilization, and losses for Mediterranean wheat during grain filling[J]. Agronomy Journal, 1991, 83(5): 864-870.

[137] ELLERT B H, BETTANY J R. Calculation of organic matter and nutrients

stored in soils under contrasting management regimes[J]. Canadian Journal of Soil Science, 1995, 75(4): 529-538.

[138] REINTAM E, TRÜKMANN K, KUHT J, et al. Soil compaction effects on soil bulk density and penetration resistance and growth of spring barley (*Hordeum vulgare* L.)[J]. Acta Agriculturae Scandinavica Section B: Soil and Plant Science, 2009, 59(3): 265-272.

[139] 王新兵,侯海鹏,周宝元,等. 条带深松对不同密度玉米群体根系空间分布的调节效应[J]. 作物学报,2014,40(12): 2136-2148.

[140] ZUO Q, JIE F, ZHANG R D, et al. A generalized function of wheat's root length density distributions[J]. Vadose Zone Journal,2004,3(1):271-277.

[141] NING S R, SHI J C, ZUO Q, et al. Generalization of the root length density distribution of cotton under film mulched drip irrigation[J]. Field Crops Research, 2015, 177(3): 125-136.

[142] 马韬,李琦,杨丽清,等. 基于不同根系分布形式的盐渍化农田向日葵根系吸水模拟[J]. 中国农村水利水电,2016(9): 18-23.

[143] GOLDBERG D, GORNAT B, RIMON D. Drip irrigation: principles, design and agricultural practices[M]. Kfaur Shmaryahu, Israel: Drip Irrigation Science Publication, 1976.

[144] 张扬,沈玉芳,李世清. 施肥对干旱胁迫下夏玉米根系提水的调节作用研究[J]. 西北植物学报,2009,29(3): 535-541.

[145] MA S C, LI F M, XU B C, et al. Effect of lowering the root/shoot ratio by pruning roots on water use efficiency and grain yield of winter wheat[J]. Field Crops Research, 2010, 115(2): 158-164.

[146] FRANZLUEBBERS A J. Water infiltration and soil structure related to organic matter and its stratification with depth[J]. Soil and Tillage Research, 2002, 66(2): 197-205.

[147] 牛健植,余新晓. 优先流问题研究及其科学意义[J]. 中国水土保持科学,2005,3(3):110-116,126.

[148] 王曼华,陈为峰,宋希亮,等. 秸秆双层覆盖对盐碱地水盐运动影响初步研究[J]. 土壤学报,2017,54(6):1395-1403.

[149] 张幸福. 甘肃白银盐碱地区小麦品种的耐盐性研究[J]. 干旱地区农业研究,2005,23(4):103-107.

[150] DELGADO I C,SÁNCHE-RAYA A J. Effects of sodium chloride and mineral nutrients on initial stages of development of sunflower life [J]. Communications in Soil Science and Plant Analysis, 2007, 38 (15/16): 2013-2027.

[151] 田阳,林静,李宝筏,等. 气力式 1JH-2 型秸秆深埋还田机设计与试验[J]. 农业工程学报,2018,34(14):10-18.

[152] 高文英,林静,李宝筏,等. 玉米秸秆深埋还田机螺旋开沟装置参数优化与试验[J]. 农业机械学报,2018,49(9):45-54.

[153] IOFFE S, SZEGEDY C. Batch normalization: accelerating deep network training by reducing internal co-variate shift[C]//Proceedings of the 32nd International Conference on International Conference on Machine Learning. Lille, France: JMLR. org, 2015.

[154] RUDER S. An overview of gradient descent optimization algorithms[EB/OL]. [2016-09-15]. https://arxiv. org/pdf/1609. 04747. pdf.

[155] SRIVASTAVA N, HINTON G, KRIZHEV SKY A, et al. Dropout: a simple way to prevent neural networks from over-fitting[J]. Journal of Machine Learning Research, 2014, 15(1):1929-1958.

[156] 刘全明,陈亚新,魏占民,等. 基于人工智能计算技术的区域性土壤水盐环境动态监测[J]. 农业工程学报,2006,22(10):1-6.

[157] 陈四龙,陈素英,孙宏勇,等. 耕作方式对冬小麦棵间蒸发及水分利用效

率的影响[J]. 土壤通报,2006,37(4):817-820.

[158] 张金珠,王振华,虎胆·吐马尔白. 具有秸秆夹层层状土壤一维垂直入渗水盐分布特征[J]. 土壤,2014,46(5):954-960.

[159] 李芙荣,杨劲松,吴亚坤,等. 不同秸秆埋深对苏北滩涂盐渍土水盐动态变化的影响[J]. 土壤,2013,45(6):1101-1107.

[160] LIU W Z, LI Y S. Crop yield response to water and fertilizer in loess tableland of China: a field research [J]. Pedosphere, 1995, 5 (3): 259-266.

[161] HUANG T, JU X T, YANG H. Nitrate leaching in a winter wheat-summer maize rotation on a calcareous soil as affected by nitrogen and straw management[J]. Scientific Reports, 2017, 7: 42247.

[162] 张丹,付斌,胡万里,等. 秸秆还田提高水稻-油菜轮作土壤固氮能力及作物产量[J]. 农业工程学报,2017,33(9):133-140.

[163] HUANG Y, ZOU J W, ZHENG X H, et al. Nitrous oxide emissions as influenced by amendment of plant residues with different C:N ratios[J]. Soil Biology and Biochemistry, 2004, 36(6): 973-981.

[164] HEAL O W, ANDERSON J M, SWIFT MJ. Plant litter quality and decomposition: an historical overview [M]. Wallingford: CAB International, 1997.

[165] 范富,张庆国,邰继承,等. 玉米秸秆夹层改善盐碱地土壤生物性状[J]. 农业工程学报,2015,31(8):133-139.

[166] SHARMA S K, MANCHANDA H R. Influence of leaching with different amounts of water on desalinization and permeability behaviour of chloride and sulphate-dominated saline soils[J]. Agricultural Water Management, 1996, 31(3): 225-235.

[167] LOU Y L, LIANG W J, XU M G, et al. Straw coverage alleviates seasonal

variability of the topsoil microbial biomass and activity[J]. CATENA, 2011, 86(2): 117-120.

[168] 张万锋,杨树青,娄帅,等. 耕作方式与秸秆覆盖对夏玉米根系分布及产量的影响[J]. 农业工程学报,2020, 36(7): 117-124.

[169] 张雅洁,陈晨,陈曦,等. 小麦-水稻秸秆还田对土壤有机质组成及不同形态氮含量的影响[J]. 农业环境科学学报,2015,34(11): 2155-2161.

[170] 苗淑杰,乔云发,王文涛,等. 添加玉米秸秆对黄棕壤有机质的激发效应[J]. 土壤,2019,51(3): 622-626.

[171] 矫丽娜,李志洪,殷程程,等. 高量秸秆不同深度还田对黑土有机质组成和酶活性的影响[J]. 土壤学报,2015,52(3): 665-672.

[172] 李娟,赵秉强,李秀英,等. 长期有机无机肥料配施对土壤微生物学特性及土壤肥力的影响[J]. 中国农业科学,2008,41(1): 144-152.

[173] 黄绍敏,宝德俊,皇甫湘荣,等. 长期施肥对潮土土壤磷素利用与积累的影响[J]. 中国农业科学,2006,39(1): 102-108.

[174] 朱浩宇,高明,龙翼,等. 化肥减量有机替代对紫色土旱坡地土壤氮磷养分及作物产量的影响[J]. 环境科学,2020,41(4): 1921-1929.

[175] 何华,徐存华,孙成,等. 高效氯氰菊酯在土壤中的降解动态[J]. 中国环境科学,2003,23(5): 490-492.

[176] 欧晓明,张俐,裴晖,等. 新农药硫肟醚在土壤中的降解[J]. 中国环境科学,2005,25(6): 705-709.

[177] 宓文海,吴良欢,马庆旭,等. 有机物料与化肥配施提高黄泥田水稻产量和土壤肥力[J]. 农业工程学报,2016,32(13): 103-108.

[178] HANCE R J. The effect of nutrients on the decomposition of the herbicides atrazine and linuron incubated with soil[J]. Pesticide Science, 1973,4(6): 817-822.

[179] ANDERSON T A, GUTHRIE E A, WALTON B T. Bioremediation in the

rhizosphere[J]. Environmental Science and Technology, 1993, 27(13): 2630-2636.

[180] 信欣,蔡鹤生.农药污染土壤的植物修复研究[J].植物保护,2004,30(1):8-11.

[181] BARRACLOUGH P B. Root growth, macro-nutrient uptake dynamics and soil fertility requirements of a high-yielding winter oilseed rape crop[J]. Plant and Soil, 1989, 119(1): 59-70.

[182] 刘景辉,刘克礼.春玉米需氮规律的研究[J].内蒙古农牧学院学报,1994,15(3):12-18.

[183] 张欢,谭贺,姜佰文,等.施氮模式对玉米氮吸收分配及产量的影响[J].玉米科学,2014,22(5):127-131.

[184] 吴得峰,姜继韶,孙棋棋,等.减量施氮对雨养区春玉米产量和环境效应的影响[J].农业环境科学学报,2016,35(6):1202-1209.

[185] 戴志刚,鲁剑巍,李小坤,等.不同作物还田秸秆的养分释放特征试验[J].农业工程学报,2010,26(6): 272-276.

[186] MI W H, WU L H, BROOKES P C, et al. Changes in soil organic carbon fractions under integrated management systems in a low-productivity paddy soil given different organic amendments and chemical fertilizers[J]. Soil and Tillage Research, 2016, 163: 64-70.

[187] TOSTI G, BENINCASA P, FARNESELLI M, et al. Green manuring effect of pure and mixed barley-hairy vetch winter cover crops on maize and processing tomato N nutrition[J]. European Journal of Agronomy, 2012, 43: 136-146.

[188] 汪涛,朱波,况福虹,等.有机-无机肥配施对紫色土坡耕地氮素淋失的影响[J].环境科学学报,2010,30(4): 781-788.

[189] 张忠学,刘明,齐智娟.不同水氮管理模式对玉米地土壤氮素和肥料氮素

的影响[J].农业机械学报,2020,51(2):284-291.

[190] CYBENKO G. Approximation by superpositions of a sigmoidal function[J]. Mathematics of Control, Signals, and Systems, 1989, 2(4):303-314.

[191] NAIR V, HINTON G E. Rectified linear units improve restricted boltzmann machines[C]//Proceedings of the 27th International Conference on Machine Learning. Haifa Israel: Omnipress, 2010.